青年拔尖人才

TOP YOUNG TALENT

说 量子与空间 第一辑

北京航空航天大学科学技术研究院 ◎ 组编

U0267713

人民邮电出版社

北 京

图书在版编目（CIP）数据

青年拔尖人才说量子与空间. 第一辑 / 北京航空航
天大学科学技术研究院组编. -- 北京 ：人民邮电出版社，
2024. -- ISBN 978-7-115-65029-0

Ⅰ. O413.1-53

中国国家版本馆 CIP 数据核字第 2024P79P07 号

内 容 提 要

本书基于北京航空航天大学科学技术研究院组织的"零壹"科学沙龙量子与空间专题
研讨活动，在 11 篇由北京航空航天大学青年拔尖人才基于各自取得的阶段性科研成果所
做的科普报告的基础上整理、集结而成。

本书涵盖多夸克系统、量子物质、光、晶体、暗物质、引力理论与量子信息、地球磁
层、空间粒子辐射、火星生命谜团、等离子体诊断方法、空间物理探测等内容。 本书以
科普化的语言介绍量子与空间领域前沿的科学知识，适合广大科技爱好者阅读，也可作为
相关专业研究人员的参考书。

◆ 组　　编　北京航空航天大学科学技术研究院
　　责任编辑　郭　家
　　责任印制　马振武

◆ 人民邮电出版社出版发行　　北京市丰台区成寿寺路 11 号
　　邮编　100164　　电子邮件　315@ptpress.com.cn
　　网址　https://www.ptpress.com.cn
　　涿州市殷润文化传播有限公司印刷

◆ 开本：700×1000　1/16
　　印张：14.25　　　　　　　　　2024 年 11 月第 1 版
　　字数：204 千字　　　　　　　2024 年 11 月河北第 1 次印刷

定价：79.80 元

读者服务热线：(010)81055410　印装质量热线：(010)81055316
反盗版热线：(010)81055315
广告经营许可证：京东市监广登字 20170147 号

寄语

普及科学技术知识、弘扬科学精神、传播科学思想、倡导科学方法，为我国实现高水平科技自立自强贡献力量！

林群
中国科学院院士

仰望星空　放飞梦想
脚踏实地　砥砺奋进

刘大响

刘大响
中国工程院院士

不忘空天报国的初心
牢记空天强国的使命

戚发轫

戚发轫
中国工程院院士

深化人才发展体制机制改革，释放人才创新活力。

徐惠彬

徐惠彬
中国工程院院士

赵沁平

中国工程院院士

使我国科技从跟踪追踪世界科技强国，蜕变为与世界科技强国并跑，进而领跑世界科技，是新时代青年技术创新人才的历史际遇和伟大的历史使命。

赵沁平

王华明

中国工程院院士

交叉融合 开拓创新

王华明

房建成

中国科学院院士

服务国家重大需求，勇攀世界科技高峰。

房建成

郑志明

中国科学院院士

在强调基础创新的时代，追求推动现代工程技术重大发展的科学原理，比简单占有和应用科技知识更为可贵。

郑志明

向锦武

中国工程院院士

求是惟真
探索尽前

向锦武

苏东林

中国工程院院士

牢记北航人传统，传承电磁人文化，
报效祖国，服务国防。

苏东林

王自力

中国工程院院士

牢记科技强国、航天报国使命责任，
踔厉奋发，创新争先，笃行不怠，
为祖国高水平科技自立自强和人类
美好二明天而不懈奋斗。

王自力

钱德沛

中国科学院院士

脚踏实地，不断登攀，
把青春岁月奉献给亲爱的祖国！

钱德沛

赵长禄
北京航空航天大学党委书记

繁荣学术 求真务实
勇于创新 自立自强

赵长禄

王云鹏
北京航空航天大学校长、党委副书记
中国工程院院士

传承北航空天报国精神
为党育人，为国育才
青年一代牢记人才使命光荣

丛书编委会 |

主　　任：杨立军

执行主编：张　凤　李　晶　王　威

编　　委（按姓氏笔画排序）：

王伟宗　宁晓琳　刘文龙　杜　轶

杨明轩　苏　磊　李宇航　李艳霞

李海旺　吴发国　陈增胜　胡殿印

段海滨　聂　晨　郭炳辉　高　轩

程群峰　潘　翀

本书编委会

主　编：曹晋滨

副主编：刘文龙　杜　轶

编　委（按姓氏笔画排序）：

王　帆　王小平　冯海凤　吕浩宇

刘文龙　刘明珠　孙　莹　杜　轶

李仕邦　宋奕辉　张　尊　张典钧

张海青　陆俊旭　周小朋　郝维昌

钟晓岚　耿立升　符慧山　曾　立

党的十八大以来，习近平总书记对高等教育提出了一系列新论断、新要求，并多次对高等教育、特别是"双一流"高校提出明确要求，重点强调了基础研究和学科交叉融合的重要意义。基础研究是科技创新的源头，是保障民生和攀登科学高峰的基石，高水平研究型大学要发挥基础研究深厚、学科交叉融合的优势，成为基础研究的主力军和重大科技突破的生力军。

北京航空航天大学（简称"北航"）作为新中国成立后建立的第一所航空航天高等学府，一直以来，全校上下团结拼搏、锐意进取，紧紧围绕"立德树人"的根本任务，持续培养一流人才，做出一流贡献。学校以国家重大战略需求为先导，强化基础性、前瞻性和战略高技术研究，传承和发扬有组织的科研，在航空动力、关键原材料、核心元器件等领域的研究取得重大突破，多项标志性成果直接应用于国防建设，为推进高水平科技自立自强贡献了北航力量。

2016 年，北航启动了"青年拔尖人才支持计划"，重点支持在基础研究和应用研究方面取得突出成绩且具有明显创新潜力的青年教师自主选择研究方向、开展创新研究，以促进青年科学技术人才的成长，培养和造就一批有望进入世界科技前沿和国防科技创新领域的优秀学术带头人或学术骨干。

为鼓励青年拔尖人才与各合作单位的专家学者围绕前沿科学技术方向及国家战略需求开展"从0到1"的基础研究，促进学科交叉融合，发挥好"催化剂"的作用，联合创新团队攻关"卡脖子"技术，2019年9月，北航科学技术研究院组织开展了"零壹"科学沙龙系列专题研讨活动。每期选定1个前沿科学研究主题，邀请5～10位中青年专家做主题报告，相关领域的研究人员、学生及其他感兴趣的人员均可参与交流讨论。截至2021年11月底，活动已累计开展了38期，共邀请了222位中青年专家进行主题报告，累计吸引了3000余名师生参与。前期活动由北航科学技术研究院针对基础前沿、关键技术、国家重大战略需求选定主题，邀请不同学科的中青年专家做主题报告。后期活动逐渐形成品牌效应，很多中青年专家主动报名策划报告主题，并邀请合作单位共同参与。3年多来，"零壹"科学沙龙已逐渐被打造为学科交叉、学术交流的平台，开放共享、密切合作的平台，转化科研优势、共育人才的平台。

　　将青年拔尖人才基础前沿学术成果、"零壹"科学沙龙部分精彩报告内容结集成书，分辑出版，力图对复杂高深的科学知识进行有针对性和趣味性的讲解，以"宣传成果、正确导向，普及科学、兼容并蓄，立德树人、精神塑造"为目的，可向更多读者，特别是学生、科技爱好者，讲述一线科研工作者的生动故事，为弘扬科学家精神、传播科技文化知识、促进科技创新、提升我国全民科学素质、支撑高水平科技自立自强尽绵薄之力。

中国科学院院士
北京航空航天大学副校长
2023年12月

人类对自然界的好奇心是人类文明进步的动力之一。从古时候起，人们就尝试着观察和理解这个世界。古书中记载的"正北方有赤气如火影"，就是古人对极光的记录；《汉书》中记载的"日出黄，有黑气，大如钱，居日中央"，是世界上第一次明确的太阳黑子记录。

随着近现代科学的发展，人类对世界的认知向两个维度拓展，一是在微观尺度下利用加速器探索、研究基本粒子，二是在宏观尺度下借助天眼等先进的望远镜系统研究浩渺的宇宙，从而构建了从粒子到宇宙、从量子到空间的知识体系。

人类对自然界认识的不断加深，促进了物理学，包括空间物理学、天体物理学等基础学科的诞生与发展。量子物理作为现代物理学的基础理论之一，不仅呈现了微观尺度下的物质行为与经典物理中的巨大差异，还揭示了物质和能量相互作用的本质。这些认识超越了时间和空间的限制，物理学家们认识到物质和能量可以在宇宙中传递信息并相互作用，他们通过这些信息和相互作用揭示宇宙之谜。

基础研究是整个科学体系的源头。基础研究取得的颠覆性成果，推动了科技的跨越式发展，极大地改变了人类对世界的认知方式，进而引发了产业革命，对人类社会的发展产生了巨大影响。

本书收录了 11 篇由北京航空航天大学青年拔尖人才基于各自领域的

科研成果撰写的科普文章，内容涵盖了从粒子尺度到宇宙尺度的有趣的物理现象和知识。本书既可以作为基础研究领域的前沿科普读物，激发普通读者的科学兴趣，也可以作为相关专业研究人员的参考书，给有志于从事相关基础科学领域研究的广大科技工作者以启迪。

中国科学院院士

北京航空航天大学空间与环境学院院长

2024 年 6 月

目录 CONTENTS

目录 CONTENTS

目录 CONTENTS

目录 CONTENTS

目录 CONTENTS

探索神奇的强子物理世界：
多夸克系统的前世今生

北京航空航天大学物理学院

刘明珠　陆俊旭　耿立升

　　物理学是研究物质的组成、相互作用及其运动规律的一门自然科学。历史上，人类对物质基本结构的认识经历了分子、原子、原子核，再到目前的夸克、轻子等不同阶段，每一次突破都伴随着人类对物质基本结构认识的深入。目前，人类对物质基本组成单元的认识停留在夸克、轻子层次。我们熟知的介子由一对正反夸克组成，重子由 3 个夸克组成。近年来，实验中发现了很多由多个夸克组成的多夸克态，此发现为我们认识强子的组成以及研究强相互作用带来了新的机遇与挑战。

探索物质的最小组成单元

1. 五行说、朴素的原子论

　　自古以来，人类对物质基本结构的研究从未停止。中国古代著名的思想家墨子认为物质有最小组成单元。除此之外，中国古代还有五行说，将物质分为金、木、水、火、土，这 5 种物质相生相克，阴阳循环，往复转化，构成万物。古希腊时期，德谟克利特认为世界由空间和物质组成，而后者由无数不能再分的微小原子组成（原子论）。亚里士多德进一步提出物质由水、气、火、土 4 种元素组成，天体由第 5 种元素"以太"组成。在古代，人们对物质基本组成的讨论主要停留在哲学层次，直到近几百年，才开始从科学的角度讨论。今天，研究物质的基本组成是物理学，特别是高能物理学的主要内容之一。

2. 现代原子论及原子核的发现

　　真正现代意义上的原子论由道尔顿提出。1803 年，英国科学家道尔顿提出组成世界的最小物质单元是原子。同一种元素的原子的性质和质量相同，在化学反应中原子不发生变化。1897 年，英国物理学家汤姆孙在研究阴极射线时发现了电子，打开了认识原子的大门。1911 年，英国物理学家卢瑟福在 α 粒子散射金箔实验中发现了原子核。这些发现颠覆了原子是物质基本组成单元的假说。人们对物质基本结构认识的深入，推动了物理学的发展。在发现电子以前，宏观低速物体的运动规律服从牛顿力学，电磁规律服从麦克斯韦电磁理论。在发现电子以后，氢原子的很多性质不能用经典力学解释，由此诞生了量子力学，其在解释氢原子能谱中起到了重要的作用。人们开始认识到，原子是由原子核和核外电子组成的。

由质子、中子构成的原子核

1. π 介子与核力

发现原子核以后，人们自然要问，原子核是不是由更小的粒子组成？1910 年，卢瑟福用 α 粒子轰击原子发现了原子核，4 年后，他用 α 粒子轰击氢原子，结果把电子给打掉了，于是人类发现了质子。1932 年，查德威克发现了中子。今天，人们通常认为原子核是以质子和中子（统称为核子）为基本单元组成的。核子间的相互作用强度比电磁相互作用强度大很多，所以称为强相互作用。理论物理学家自然要探究质子和中子是通过什么机制束缚在一起形成原子核的。为了解释强相互作用，日本物理学家汤川秀树在 1935 年提出了 π 介子交换机制，他认为核子间的相互作用是通过交换一个未知的粒子实现的，即 π 介子，并根据测不准原理，预言了 π 介子的质量。π 介子在 20 世纪 50 年代的实验中被证实存在。

汤川秀树提出的 π 介子交换机制第一次涉及核力的本质，从那以后，核力的研究主要基于唯象模型。然而，单 π 介子交换只能描述核力的长程部分，对短程部分以及中程部分无能为力。在此基础上，随着质量较大的 ρ 介子、ω 介子等玻色子的发现，根据粒子交换的思想，人们进一步提出了著名的单玻色子交换模型，能够初步描述核力以及氘核的性质。但是，随着强相互作用的基本理论——量子色动力学（Quantum Chromodynamics，QCD）的构建，为了从第一性原理出发研究核力，温伯格提出利用手征有效场论描述核力。目前，手征核力已实现对核子散射数据的高精度描述，并被广泛应用于核物理领域。一方面，由于 QCD 的两大特性——渐近自由与色禁闭，手征有效场论将色单态的强子（核子以及 π 介子）作为相互作用的基本自由度。另一方面，高能区相互作用的细节被吸收到低能常数中。由于核子和 π 介子都不是点粒子，因此有必要考虑它们的内部结构，即从夸克层次对核力展开研究。手征夸克模型通过引入单胶子交换以描述短程相互作用，定性描述了核力的基本性质。值得一提的是，格点 QCD 基于夸克 - 胶子自由度在离散时空中研究强相互作用，于 2007 年首次得到了核子 - 核子 S 波相互作用的基本形式 [1]。

2. 质子、中子是基本粒子吗？

到目前为止，人们发现最稳定的粒子是质子，但是质子和中子是否具有内部结构呢？最早证实质子和中子具有内部结构的实验观测量是反常磁矩。实验测得质子和中子的磁矩分别为 2.79 和 –1.91 个核磁子，而狄拉克方程中自旋为 1/2 的点粒子的磁矩为 2 个核磁子，数值上有很大的偏差。核子的反常磁矩说明核子不是点粒子，而是具有内部结构的复合粒子。

人类探究物质深层次结构的主要方法是散射，例如，以电子作为探针探究质子内部结构，即著名的电子 - 质子弹性散射实验。电子 - 质子弹性散射过程实际是电子经过加速辐射出虚光子，虚光子与质子发生相互作用的过程。可通过观测末态电子或者强子的分布情况反推核子的结构性质，如图 1 所示。通过电子 - 质子弹性散射实验发现质子是一个直径约为 1fm 的粒子，即质子不是点粒子。

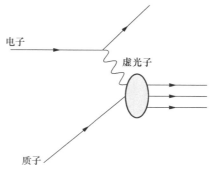

图 1　电子 - 质子弹性散射过程

　　进一步，通过电子 - 质子深度非弹性散射实验发现，质子是由点状部分子组成的，部分子包括夸克和胶子。在部分子模型中，质子所有的可相加量子数，如动量、质量、自旋等，都应该是这些部分子量子数之和。通过测量部分子动量，人们发现质子内夸克和反夸克携带的动量只占质子动量的一半，因此，人们相信质子内部还存在胶子。20 世纪 80 年代，欧洲核子研究中心 EMC 合作组发现夸克和反夸克的自旋对质子自旋的贡献之和几乎为 0，由此引发了核子的"质子自旋危机"。经过多年的努力，人们发现核子自旋来自夸克自旋、胶子自旋以及夸克、胶子的轨道角动量。实验表明，夸克自旋约占核子自旋的 25%。目前，质子的自旋之谜仍在研究中，但可以肯定的是，质子和中子不是基本粒子。

核子的内部结构

1. 组分夸克模型的提出

　　目前普遍认为核子是由价夸克和胶子组成的，但神奇的是，核子的很多性质（如自旋、宇称、质量和磁矩）可以唯象地通过 3 个组分夸克解释。组分夸克不同于价夸克，其质量要比价夸克的质量大很多。组分夸克模型由盖尔曼和茨威格于 1964 年正式提出。

组分夸克模型的提出与核子内部结构研究的相关性不大。组分夸克模型提出的背景是 1960 年前后，人们在世界各地的高能加速器上发现了很多强子，对它们的分类成为一个难题。1964 年，盖尔曼通过 SU(3) 群将基态强子分为介子八重态、重子八重态和十重态，并且成功地预言了 Ω 重子，因而获得了 1969 年诺贝尔物理学奖。盖尔曼认为基态强子由 3 种夸克组成，夸克自旋为 1/2，所带电荷为电子电荷的 1/3 或者 2/3。其中，分数电荷的预言成为该理论面临的最大障碍。由于当时没有带有分数电荷的自由粒子存在的证据，甚至连盖尔曼本人都一度认为夸克只是一个数学符号，直到深度非弹性散射实验使人们意识到夸克的存在。组分夸克模型奠定了 SU(3) 对称性的物理学基础，使得奇异数以及同位旋这些概念有了更深刻的意义，它的提出在物理学发展史中具有里程碑意义。

2. 强相互作用的基本理论 QCD 的提出

深度非弹性散射实验以及组分夸克模型都说明夸克是强子的基本组成单元，相应地，探究夸克之间的相互作用成为研究的主要课题。学者们在研究强子的统计性质时引入了颜色自由度，即假定每种特定的夸克具有 3 种颜色，这是一种新的内禀自由度。夸克之间的相互作用通过传递胶子产生。颜色自由度的引入也得到了实验的证实，如正负电子对撞中 R 值的测量。借鉴电磁相互作用的机制，类比电荷引入色荷，强相互作用通过色荷产生。描述强相互作用的理论被称为 QCD。强相互作用具有一个非常重要的特性——渐近自由，由格罗斯、波利策以及威尔切克发现。他们发现夸克之间的相互作用在距离增大、动量减小时变强。强相互作用具有非微扰特性，这使得强相互作用异常复杂。当夸克之间的距离变大，强相互作用的耦合常数也逐渐变大，耦合强度趋向于无穷大。这意味着夸克之间的相互作用使得一对夸克不能分开，即夸克是"色禁闭"的，这是 QCD 的另一个特性。QCD 的色禁闭至今没有在数学上得到严格的证明，但是格点 QCD 的计算表明夸克是色禁闭的。当夸克之间的距离变大，即能量标度接近 QCD 能量标度时，微扰论不再有效，必须通过非微扰方法替代 QCD。低能强子物理和核物理正是处于这样的能量标度，手征微扰理论成为处理低能 QCD 非常有效的理论。1973 年，格罗斯、波利策和威尔切克分别发表论文提议，SU(3) 色规范群下的非阿贝尔规范场可以作为强相互作用的量子场，从而建立了 QCD 理论。

3. 标准模型

QCD 与格拉肖 - 温伯格 - 萨拉姆模型是构成基本粒子标准模型的基础。在标准模型中，构成物质的费米子是夸克（u、d、s、c、b、t）和轻子（e、μ、τ）。其中，夸克还存在反粒子，每个夸克有 3 种颜色自由度，共有 36 种夸克。轻子包含相应的中微子及其反粒子，共有 12 种轻子。在标准模型中，玻色子是传递相互作用的载体，传递电磁相互作用的是光子，传递弱相互作用的玻色子有 3 种（W^+、W^-、Z），传递强相互作用的胶子有 8 种。还有分别赋予夸克和轻子质量的希格斯（Higgs）粒子。综上，标准模型中共有 61 种基本粒子。

标准模型是描述强相互作用、弱相互作用和电磁相互作用的规范模型，它的规范群是 $SU(3)_C \otimes SU(2)_L \otimes U(1)_Y$。其中，$SU(3)_C$ 群作用在夸克的颜色自由度上，负责产生强相互作用；$SU(2)_L$ 和 $U(1)_Y$ 分别与弱同位旋和弱超荷相联系，产生弱相互作用和电磁相互作用。Higgs 粒子的非零真空期望值使得电弱对称性 $SU(2)_L$ 和 $U(1)_Y$ 自发破缺到 $U(1)_{EM}$，这样通过 Higgs 场与规范场的耦合使得玻色子获得质量，而光子的质量是 0。Higgs 场的 Yukawa 耦合使得夸克和带电轻子也获得质量。相应的标准模型的拉氏量包含 3 个部分：规范场自耦合相互作用以及规范场与费米场之间的相互作用，Higgs 场之间的相互作用以及 Higgs 场与规范场之间的相互作用，Higgs 场与费米场的 Yukawa 相互作用。尽管通过标准模型可以描述绝大部分物理现象，但是它并不是终极理论，如暗物质和暗能量在标准模型中没有有效的候选者、宇宙中正反物质 CP 不对称性等，这些都不能用标准模型解释。

传统夸克模型、新强子态的发现

除了由上、下、奇异夸克组成的强子，实验中还发现了由粲夸克和底夸克组成的强子。在已发现的强子中，粲偶素的数量是最多的，因此粲偶素成为研究强相互作用非常好的载体。组分夸克模型也可以自然地被应用到粲偶素能谱的研究中。根据 QCD，夸克之间的相互作用可以唯象地分为两部分——库仑势和线性势，即著名的康奈尔势能，它可以成功地描述基态粲偶素和底偶素的能谱。为了描述粲偶素的能谱，著名的 Goldfrey-Isgur（G-I）模型被提出，其考虑了自旋 - 自旋相互作用、自旋 - 轨道相互作用以及张量势，不仅能很好地描述大部分粲偶素能谱，而且可以描述由其他味道夸克所组成的强子的能谱，成为研究强子能谱的重要实验参考。

夸克模型成功地解释了重子八重态的磁矩，基于夸克模型得到的磁矩非常接近实验值。夸克模型可以很好地解释强子的强衰变，如著名的 3P0 模型解释了大部分强子强衰变到末态为两个强子的过程。3P0 模型认为强子的强衰变是由真空中激发的一对正反夸克与组成初始强子的夸克重组形成一对新的强子的过程。夸克模型也被用来研究强子的辐射衰变以及弱衰变过程，对认识强子的内部结构起到了非常重要的作用。

世界上大型对撞机的运行为研究强子提供了新的机遇，实验中发现了一些具有里程碑意义的奇特强子态。比如，2003 年，日本的 Belle 实验室首次发现的类粲偶素 $X(3872)$ 是最早被发现也是最重要的奇特强子态之一。$X(3872)$ 的命名表明物理学家对于它的内部结构还不太清楚，括号里的数字代表它的质量为 3872MeV。2007 年，Belle 合作组首次发现由 4 个夸克构成的态，即四夸克态的候选者；2015 年，LHCb 合作组首次发现由 5 个夸克组成的态，即五夸克态的候选者。

奇特强子态的内部组成

1. 奇特强子态的各种理论解释

奇特强子态的发现对于我们认识夸克层次的物质组成具有重要的意义，同时也为我们提供了研究强相互作用细节的路径，引起了理论物理学家的极大兴趣。针对奇特强子态，理论上通常从质量（谱）、衰变等角度展开研究。研究奇特强子态的理论主要有唯象模型、格点 QCD 以及有效场论等 [2]。

唯象模型从两个层次研究奇特强子态：夸克层次和强子层次。夸克层次的模型主要为势模型。人们根据强子的可能组成，构造相互作用，得到强子的可观测量，最后通过对比实验数据，判别奇特强子态的内部组成。夸克层次的方法还有 QCD 求和规则。人们通过组分夸克构造相应的流，对强子的可观测量进行计算，通过对比实验数据来判断哪种夸克组分是最有可能存在的。势模型和 QCD 求和规则分别是在坐标空间和动量空间研究奇特强子态的有效手段。

格点 QCD 是利用大规模数值计算研究 QCD 理论的非微扰求解方法，是从第一性原理出发研究非微扰强相互作用的重要方法之一。近年来随着计算机技术的快速发展、相关算法和理论的不断突破，格点 QCD 在强相互作用研究中发挥了重要的作用。格点 QCD 的基本思想是将 QCD 定义在有限大小、离散的欧氏空间，利用场论的路径积分形式，计算得到强相互作用的相关物理量。目前，格点 QCD 在奇特强子态的研究中得到了广泛应用。

有效场论是处理非微扰强相互作用的有效理论。有效场论通常根据所研究系统的对称性及对称破缺情况，构造相应的小量，然后对小量进行微扰展开，得到符合计阶规则的势能 [3]。手征对称性及其破缺对应的小量是 $m_\pi/4\pi f_\pi$（m_π 为 π 介子质量，f_π 是 π 介子衰变常数），以此为基础构建手征微扰理论。重夸克自旋对称性对应的小量是 $\Lambda_{\mathrm{QCD}}/m_{\mathrm{Q}}$ (Λ_{QCD} 是 QCD 能标， m_{Q} 是重夸克质量)，相应的理论是重夸克有效理论。有效场论根据计算所需的精度选择相应的阶数，从而系统地估计理论误差。由于有效场论中有若干未知的低能常数，通常通过实验数据拟合以确定常数。由于有效场论可以和格点 QCD 联系起来，可以通过拟合格点 QCD 数据确定有效场论中未知的低能常数。

对于奇特强子态的理论解释涉及强子分子态、混合态、紧致多夸克态以及运动学效应等。混合态指的是几种不同成分混合形成的态，如强子分子态和传统介子 / 重子混合形成的态。紧致多夸克态是系统中带颜色的双夸克通过色磁相互作用形成的色单态。运动学效应指的是实验上看到了一些共振峰，这些峰是强子衰变过程中三角图机制引起的异常增大现象，不是一个真实存在的粒子。

2. 奇特强子态的分子态图像

很多奇特强子态位于一对传统强子的阈值附近，看起来与真实的物理态之间有很强的耦合，以至于被看作由传统强子组成的分子态，这种构型是 QCD 理论允许存在的。氘核是由两个核子形成的束缚态，是实验上唯一确认的强子分子态。在奇特强子态中还没有被实验完全确认的强子分子态，因此氘核被称为强子分子态候选者。接下来用一个简明的图像把奇特强子态与强子分子态建立联系，以 P 波激发态的粲偶素为例，从量子数守恒角度，P 波等效于一对正反轻夸克，将 P 波替换为一对正反轻夸克，然后将一对正反轻夸克与原有的一对正反粲夸克进行重组，就会得到一对粲介子，即 P 波激发态的粲偶素有可能是一对粲介子形成的分子态。用类似的图像，D 波 /S 波等效于两对正反轻夸克，可以得出 D 波 /S 波激发态的粲偶素可能的三种分子态构型：三体强子态、重子 - 反重子态或两体强子态。接下来针对目前实验上的两类奇特强子态，从分子态角度展开介绍。

第一类是奇特的介子 / 重子，最著名的是 $X(3872)$ ，其质量非常接近

一对粲介子 $DD*$ 的质量阈值，可以在分子态框架下利用很多模型解释它的质量，这是它被称为强子分子态候选者的原因之一。另外，$X(3872)$ 的衰变分支比揭示了很大的同位旋破缺现象，很难在传统粲偶素框架下理解这一现象，分子态图像可以解释这个分支比。此外，$X(3872)$ 的衰变宽度非常窄，符合分子态的特征，因此 $X(3872)$ 是一个很好的强子分子态候选者。根据温伯格提出的 Compositeness 规则，在 $X(3872)$ 中可能存在其他构型，如紧致四夸克态（由色磁相互作用主导）等，原则上以分子态为探针可以探究所有奇特强子态的性质，因此分子态图像是目前研究奇特强子态性质非常有效的一种图像。

第二类是多夸克态，以隐粲五夸克态为例。欧洲的大型强子对撞机发现了 4 个五夸克态：$P_c(4312)$（下标 c 代表粲夸克）、$P_c(4380)$、$P_c(4440)$ 和 $P_c(4457)$，它们的质量接近 $\bar{D}^*\Sigma_c^*$ 的质量阈值，并且衰变宽度比较窄，是强子分子态的候选者。我们通过有效场论和单玻色子交换的方法将它们解释为强子分子态[4-5]，并且预言了存在其他的重夸克自旋对称性伙伴态，得到了一个完整的重夸克自旋对称性下的强子分子态多重态 $\bar{D}^*\Sigma_c^*$，如图 2 所示，这个图像得到了进一步研究证据的支持。一旦实验中发现其他几个伙伴态，五夸克态的分子态属性即被证实。

由于耦合道效应在强子 - 强子相互作用中比较明显，因此强子分子态相对氘核来说，动力学机制比较复杂，理论研究更困难。强子分子态作为一种可能的 QCD 构型，已经确认它的存在对于理解物质的基本组成以及强相互作用的非微扰效应具有重要意义。为了确定强子分子态的构型，通常有两种思路，一种是寻找新的物理可观测量，其必须在分子态构型或其他构型下有非常明显的差异；另一种是基于一些模型无关的方法提升理论精度，比如基于对称性预言强子分子态伙伴态，寻找实验伙伴态粒子，能检验实验中已经发现的奇特强子态的分子态本质，是一种模型无关的方法。此外，还有一种模型无关的方法是通过实验寻找与两体分子态相关的三体强子分子态候选者，将在下节详细阐述。

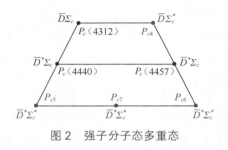

图 2　强子分子态多重态

是否存在其他的类原子核物质？

核力将不同数目的质子与中子束缚成原子核，原子核与电子构成原子，最终形成可见宇宙。那么，自然界是否还存在由其他的色单态集团构成的类原子核物质？$\Lambda(1405)$ 作为 $N\bar{K}$ 的分子态被发现以后，理论物理学家开始探索是否存在 $NN\bar{K}$ 类原子核物质。最近，研究人员基于精确的计算发现 $NN\bar{K}$ 类原子核物质是存在的，并且被实验证实。可以以奇特强子态为基础，探索是否存在相应的少体强子分子态，这是一个非常有趣且有意义的工作。研究三体强子分子态不仅有助于寻找新的类原子核物质，而且有助于揭示奇特强子态的本质，加深我们对于强子层次物质的组成以及非微扰强相互作用的认识。

我们以奇特强子态候选者 $D_{s0}(2317)$（下标 s 代表奇异夸克）为基础，在 DK 系统中加入另一个 D 介子，研究了 DDK 三体系统。DK 相互作用通过拟合 $D_{s0}(2317)$ 确定，而 DD 相互作用通过单玻色子交换模型确定。通过求解三体薛定谔方程，我们发现这个三体系统是束缚的，并且 DK 相互作用起主导作用，DD 相互作用的影响很小，即，如果 $D_{s0}(2317)$ 是 DK 分子态，则意味着存在一个 DDK 的三体强子分子态 [6]。反过来，如果这个三体强子分子态被实验证实，$D_{s0}(2317)$ 的分子态属性也被证实。由于 DDK 分子态具有显粲量子数，因此它在正负电子对撞中很难产生，为此我们研究了隐粲的三体系统 $\bar{D}DK$，发现同样存在一个 $\bar{D}DK$ 分子态[7]。通过研究各种雅可比道的占比，我们发现 $D_{s0}(2317)$ 也是形成 $\bar{D}DK$ 分子态的关键，即通过 $\bar{D}DK$ 分子态可以检验 $D_{s0}(2317)$ 的分子态属性。$\bar{D}DK$ 分子态可以衰变到粲偶素，有利于在实验中寻找奇特强子态。基于五夸克态的分子态解释，我们在 $\bar{D}\Sigma_c$ 分子态中加入一个 $\bar{K}$ 介子，可以形成一个三体系统 $\bar{D}\Sigma_c\bar{K}$。研究发现，这个三体系统是束缚的，$\bar{D}\Sigma_c\bar{K}$ 分子态的最小夸克组分为 5，该系统可以看作五夸克态 P_{cs} 的激发态[8]。最近，假设 T_{cc} 为 D^*D 的分子态，我们预言了 D^*DD 这一分子态，其具有显粲量子数[9]。对这些类原子核物质的研究不仅将加深我们对物质基本组成的认识，同时也有助于检验奇特强子态的分子态本质。近期，我们对三体强子分子态的产生机制以及可能的衰变道开展了系统研究，希望为实验中寻找三体强子分子态提供理论指导[10]。

结语

自 2003 年以来，人们在世界各大加速器上发现了很多奇特强子态，它们为我们研究非微扰强相互作用带来了重要的机遇。目前实验中已经发现了四夸克态、五夸克态等，但是还没有六夸克态的信号，寻找六夸克态已经成为实验中非常重要的目标。根据目前对于奇特强子态的研究，六夸克态在强子层次会有 3 种可能的组态，即三体介子、双重子、紧致四夸克态与介子，因此，针对六夸克态的研究将会更加丰富。目前实验中的很多奇特强子态可以作为强子分子态候选者，对称性在强子分子态的研究中起到了重要的作用。未来通过研究奇特强子态的对称性伙伴态，也将进一步检验奇特强子态的分子态属性。我们有理由相信，如果两体强子分子态存在，则三体强子分子态也应该存在。类原子核物质将丰富物质世界的基本组成，同时也将帮助我们进一步认识强相互作用。三体强子分子态的存在与否将为检验奇特强子态的分子态构型假设提供关键判据，因此研究三体强子分子态具有重要的意义。

参考文献

[1]   ISHII N, AOKI S, HATSUDA T. Nuclear force from lattice QCD[J]. Physical Review Letters, 2007, 99（2）: 022001.

[2]   GUO F K, HANHART C, MEISSNER U G, et al. Hadronic molecules[J]. Reviews of Modern Physics, 2018, 90(1): 15004.

[3]   LU J X, GENG L S, VALDERRAMA M P. Heavy baryon-antibaryon molecules in effective field theory[J]. Physical Review D, 2019, 99（7）: 074026.

[4]   LIU M Z, PAN Y W, PENG F Z, et al. Emergence of a complete heavy-quark spin symmetry multiplet: seven molecular pentaquarks in light of the latest LHCb analysis[J]. Physical Review Letters , 2019, 122（24）: 242001.

[5]   LIU M Z, WU T W, SANCHEZ M S, et al. Spin-parities of the P_c(4440) and P_c(4457) in the one-boson-exchange model[J]. Physical Review D, 2021, 103（5）: 054004.

[6]   WU T W, LIU M Z, GENG L S, et al. DK, DDK, and DDDK molecules–understanding the nature of the D_{s0}^*(2317)[J]. Physical Review D, 2019, 100（3）: 034029.

[7]   WU T W, LIU M Z, GENG L S. Excited K meson, K_c(4180) with hidden charm as a DK bound state[J]. Physical Review D, 2021, 103（3）: L031501.

[8]   WU T W, PAN Y W, LIU M Z, et al. Hidden charm hadronic molecule with strangeness P_{cs}^* (4739) as a Σ_c bound state[J].

Physical Review D, 2021, 104 (9): 094032.

[9]   WU T W, PAN Y W,LIU M Z, et al. Discovery of the doubly charmed T_{cc}^+ state implies a triply charmed H_{ccc} hexaquark state[J]. Physical Review D, 2022, 105 (3): L031505.

[10]   WU T W, PAN Y W, LIU M Z, et al. Multi-hadron molecules: status and prospect[EB/OL]. (2022-08-01)[2023-03-01].

刘明珠，兰州大学青年研究员，2020 年博士毕业于北京航空航天大学物理学院，研究方向是强子物理。在攻读博士期间，以第一作者身份在 *Physical Review Letters* 发表论文 1 篇，并且该论文近几年连续入选 ESI 高被引论文。攻读博士期间曾获"博士研究生国家奖学金"，博士学位论文被评为"北京航空航天大学博士十佳论文""北京航空航天大学优秀博士学位论文"。

陆俊旭，北京航空航天大学卓越百人博士后，2021 年 1 月博士毕业于北京航空航天大学物理学院。2017 年 11 月—2019 年 8 月由国家留学基金管理委员会资助，赴巴黎萨克雷大学联合培养两年并获得该校理学博士学位。获"北京市优秀毕业生"称号，博士学位论文被评为"北京航空航天大学优秀博士学位论文"。

耿立升，北京航空航天大学物理学院教授、博士生导师、副院长。2010 年入选教育部"新世纪优秀人才支持计划"，2015 年获国家自然科学基金委员会优秀青年科学基金资助，2016 年获中国核物理学会第六届胡济民教育科学奖，2017 年入选国家级青年人才计划，2023 年入选国家级人才计划特聘教授。主要从事理论物理和医学物理研究，研究方向包括构建高精度相对论手征核力，理论解释和预言奇特强子态（特别是多强子分子态）、轻子普适性破缺中的新物理效应，研究机器学习在核物理及医学物理中的应用等。发表 SCI 论文 200余篇，被引用 7000 余次。主持多项国家自然科学基金重点项目、面上项目和省部级项目。

在原子尺度搭乐高：
构建量子物质

北京航空航天大学物理学院

杜　轶　冯海凤

当人们开始探索量子行为时，量子物质的构建就显得尤为重要。试着用乐高来构建新奇量子世界的时候，最小的构建单元是什么呢？将搭乐高的创意应用到纳米世界，可以将厚度只有一个原子层的层状材料看作基本结构组件。当组件以严苛、精密的条件叠加、组合在一起时，具有新奇量子特性的物质将会横空出世。量子物质的神奇之处到底在哪里，又可能给我们的生活带来哪些翻天覆地的变化呢？

现代物理到新技术革命的物质基础：神奇的量子物质

1. 量子革命和量子技术

相对论与量子力学的创立是 20 世纪物理学发展中的两个重要里程碑。爱因斯坦提出了狭义相对论，限定了牛顿力学绝对时空观的范围，并提出牛顿力学仅适用于物体速度远小于光速的运动。量子力学进一步将物体运动规律推广到微观世界与某些宏观现象（如低温超导）中。经典物理学仅适用于研究宏观低速条件下的物体运动。

量子理论的第一个突破出现在黑体辐射能量密度的分布规律中，如图 1 所示。1900 年，普朗克根据黑体辐射能量密度随波长（或者频率）的变化提出了普朗克公式。

普朗克发现要从理论上推导出公式，需要做一个假定：对于波长为 λ、频率为 ν 的辐射，物体只能以 $h\nu$ 为最小能量单位来吸收或发射电磁辐射（h 为普朗克常量）。每个"量子"的能量为 $h\nu$，能量不连续的概念在经典力学中是不存在的。意识到普朗克量子假设的可能性，1905 年，爱因斯坦为了解决光电效应中的问题，提出了光量子（简称光子）概念，认为辐射场由光子构成，且每个光子的能量 E 与频率 ν 满足 $E = h\nu$。光电效应中存在的问题在引入光子之后得到了解决。

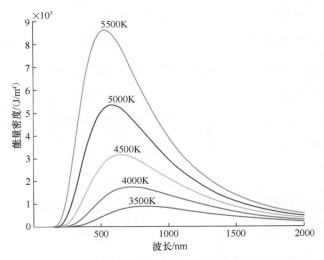

图 1　普朗克公式中黑体辐射能量密度随波长的变化

　　量子理论的第二个突破出现在物体与辐射的相互作用中。在汤姆孙提出原子模型后，1911 年，卢瑟福提出了原子的有核模型：原子中心的小区域集中了原子的正电荷与几乎所有的原子质量，形成原子核，电子则围绕原子核运动。这个模型存在两个问题，分别是原子的稳定性问题与原子大小问题。对于原子的稳定性，按照经典电动力学，电子在围绕原子核运动的过程中会因为不断辐射能量而减速，电子轨道半径不断减小，并在约 1×10^{-12}s 后掉落到原子核中，原子也随之塌缩。然而现实情况是，原子稳定地存在于自然界。对于原子的大小，利用统计物理知识估算出的原子大小为 1×10^{-10}m 数量级，经典力学给出的特征长度完全不适用。玻尔意识到 h 应该是解决问题的关键，他将其引入卢瑟福的有核模型后，得到了玻尔半径，并提出了原子的量子论，即原子只能存在于与离散的能量相对应的一系列定态中。

　　随着普朗克量子假设与爱因斯坦光子论的提出，德布罗意注意到光学与粒子力学具有相似性，为了将物质存在的两种形式——波和粒子统一，他设想粒子也具有和光一样的波动性，并提出能量为 E、动量为 p 的粒子存在相关联的波，粒子频率满足 $v = E / h$。

物质波的提出引入了新的问题，既然粒子是波，为什么过去一直将粒子看作经典粒子也没有出现什么问题呢？这是由于普朗克常量 h 是一个很小的数，粒子对应的波长很短，未表现出波动性，只有在微观世界中才能表现出来。

德布罗意物质波的提出引起了薛定谔的注意，然而，物质波中的粒子波缺少波动方程，于是薛定谔在 1926 年提出了薛定谔方程，用来描述粒子的波动。它将物质波的概念和波动方程相结合，可用于描述微观粒子的运动规律。通过求解微观系统所对应的薛定谔方程，可得到粒子波函数与本征能量，从而了解微观系统的性质。

作为一门发展中的学科，量子力学直接导致了二极管与三极管的出现，为人们带来了集成电路，打开了信息时代的大门。未来，超导材料、量子加密、量子通信等多个领域的研究离不开量子力学。信息时代的核心是能够实现逻辑运算功能的集成电路芯片，集成电路由电阻、二极管等多种元件集成得到。集成电路以半导体理论为基础，半导体理论以量子力学为基石。当量子力学被应用到固体物理中时，它解释了材料被划分为导体、绝缘体与半导体的原理，预测了半导体可能的性质，并提出了二极管、三极管等多种半导体元件的概念，为现代集成电路与现代计算机的出现打下了理论基础。在这个过程中，量子力学是人们理解并预测半导体性质的一种有力工具。目前，量子力学仍是一门发展中的学科，它与广义相对论之间也存在未解决的矛盾，需要一步步探索。

2. 量子物质与背后隐藏的物理

1927 年，海森伯提出了不确定性原理，一种常见的描述是"我们无法同时确定粒子的位置和动量"。当时，海森伯的不确定性原理是通过实验论证的。有一种容易理解的描述是，假如我们想确定一个电子的位置，就需要用光子或粒子去撞击它，要使测得的位置精准，就需要使用波长短、能量高的光子或粒子。测量过程中的粒子能量越高，电子的动量变化量就越大，电子动量也就越无法确定。反之，测量电子的动量时，电子位置就无法确定了。这种描述很流行，不确定性原理的发现者海森伯初期也是这样理解的。玻尔支持海森伯的不确定性原理，但是并不完全同意这一描述，玻尔的观点是，不确定性原理的核心在于波粒二象性。事实上，不确定性原理并非是由测量导致的，它是粒子的固有属性，并不依赖于任何测量。仪器在测量的过程中显然会对被测量者产生干扰，这在任何情况下都是存在的，非量子力学独有。这种影响被称为观察者效应，它与不确定性原理存在本质上的区别。不同于经典力学中的物体位置与动量在理论上的确定性，量子力学认为，理论上物体通常不存在确定的位置和动量，物体无论处于什么状态，都无法同时确定其位置和动量，且这与测量过程无关。

在海森伯的不确定性原理提出后，爱因斯坦对此提出一个问题，无论是否存在测量这个过程，粒子本身是否具有明确的位置？为了论证量子力学的不完备性，爱因斯坦、波多尔斯基与罗森 3 人在 1935 年共同提出了 EPR 佯谬，认为量子力学不满足完备性判据与实在性判据的要求。简单来说，一个物理理论的正确性，既需要满足理论预测符合实验结果的要求，又必须可以准确描述物理量。爱因斯坦等人认为量子力学这一理论是正确的，但是理论存在不自洽与模糊的地方。

在提出 EPR 佯谬时，爱因斯坦等人提出了一种波，即"量子纠缠"，它最早用于质疑量子力学，认为自然界不存在超光速相互作用。以 A、B 两个粒子纠缠为例，当两个粒子形成纠缠态后，无论两个粒子相距多远，只要没有外界干扰，当 A 粒子处于 1 态时，B 粒子就必定处在 0 态；同样，当 B 粒子处于 1 态时，A 粒子必定处在 0 态。在这种跨越空间的超距作用中，两者相互影响的速度超过了光速，违反了"定域性原理"，即在某区域发生的事件只能以不超过光速的传递方式影响其他区域。随后，玻姆在爱因斯坦的理论基础上，进一步提出了"隐变量理论"来解释这种超距作用。后来，贝尔提出贝尔不等式，对量子纠缠的验证从理论进入了实验阶段。然而，实验结果证明了量子纠缠是非定域的，隐变量理论是错的，量子力学是正确的。20 世纪 80 年代初，法国课题组首次验证了量子纠缠的存在。2016 年，我国潘建伟院士及陆朝阳、陈宇翱等人通过两种不同方法制备了更优的纠缠光子源，首次实现了"十光子纠缠"。

　　量子力学还是理解超导材料的理论基础。超导，即"超导电性"，指的是超导体在一定温度下电阻突然变为 0 的现象，并且伴随着超导体内部磁感应强度变为 0（迈斯纳效应），零电阻与迈斯纳效应是超导现象的标志。1911 年，荷兰科学家昂内斯在一次液氦冷却汞的实验中发现，当汞的温度降低至 4.2K 时，汞电阻完全消失，从而发现了超导现象，他把材料发生超导转变的温度称为临界温度。随后的数年间，人们陆续发现其他金属与合金可以在更高的温度下发生超导，但临界温度通常都低于 150K。1933 年，德国物理学家迈斯纳与奥克森菲尔德发现，当金属在磁场中冷却时，随着金属发生超导转变，原先穿过金属的磁场将被超导体排除在外。如图 2 所示，金属被磁场排斥而悬浮在磁场中，这就是迈斯纳效应。

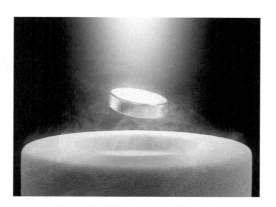

图 2　超导使金属悬浮在磁场中

　　虽然人们已经发现了多种金属与合金超导体，但是产生超导的原因在当时仍不明确。直到 1957 年，巴丁、库珀和施里弗 3 人共同提出了 BCS 理论[1]。

　　随后的几十年间，人们不断在超导领域探索，然而，超导材料的最高临界温度也只有 23.2K，只有借助高成本的液氦才能实现低温环境。直到 1986 年，人们在镧钡铜氧化物中发现了高达 35K 的临界温度，这是自 1973 年以来超导临界温度的新纪录。镧钡铜氧化物通常被认作绝缘物质，这与之前发现的超导金属与合金不同，这一发现出乎意料。随后，我国物理学家赵忠贤和美籍华裔科学家朱经武都于 1987 年发现了钇钡铜氧系的高温超导材料。人们紧接着又发现了铋锶钙铜氧合金和铊钡钙铜氧合金，这两种合金分别在 110K 和 120K 出现超导，超导临界温度成功突破了液氮温度（77K），这使得超导材料在应用领域崭露头角，逐渐出现了磁悬浮列车、超导磁铁等。

在经典计算中，计算的基本单位是经典比特，通常用电位高低表示二进制的 0 和 1，高电位代表 1，低电位代表 0。在量子计算中，计算的基本单位是量子比特，量子比特的载体可以是粒子能级，在测量前，粒子可以有一定概率处于高能级（1），有一定概率处于低能级（0）。除了粒子，光的偏振情况也可以用来代表量子比特。量子比特的状态在测量前是 0 和 1 两种状态的概率叠加，可以同时取 0 和 1，因此单个量子比特的信息容量远大于单个经典比特。当计算过程结束，测量量子比特的计算结果时，量子比特塌缩为某个确定的状态，若没有其他外界作用，将一直处于这个状态。目前最大的挑战来自量子比特本身的脆弱性，由于量子比特系统与环境相互纠缠，系统很容易受到扰动从而导致量子比特退相干，失去叠加态。为了维持量子比特的相干性，需要用低温超导体防止量子比特的能量损失，处于超导环境下的量子比特被称为超导量子比特，其所处的环境温度通常在 10mK 左右。

量子乐园中的游乐场：低维量子材料

当人们开始探索量子行为时，选择合适的研究体系成了关键。研究人员把目光聚焦在了低维量子材料上，开始探寻和搭建"量子乐园中的游乐场"。低维量子材料是指在 3 个维度中，至少有 1 个维度的尺寸小于

100nm 的材料。由于材料尺寸受到了限制，可能引起许多新奇的量子尺寸效应。基于低维量子材料的结构，可以将其分为零维材料、一维材料和二维材料。

1. 零维材料和一维材料

零维材料是指材料 3 个维度的尺寸都在 100nm 以下，如原子团簇、SiQDs、CdSQDs、CdSeQDs 等量子点。对于零维材料，由于 3 个维度都受到限制，材料中的电子无法自由运动。量子点是一种典型的零维材料，尺寸在 10nm 以下，量子点导带上的电子、价带上的空穴及激子都被束缚在三维空间，表现出极强的量子限域特性，具有分离的量子化能谱。量子点具有独特的物理性质，如尺寸效应、量子限域效应、表面效应等。量子点材料在催化、医疗等领域展现出巨大的应用潜力，如图 3 所示的量子点荧光标记，其被应用于超顺磁性纳米颗粒的磁共振成像中，是跟踪活体新陈代谢过程的重要手段。

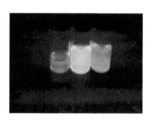

图 3　2004 年，Xu 等人合成纯化碳纳米管时，发现荧光碳点 [2]

当 3 个维度限制去掉 1 个之后，零维材料变成了一维材料。在一维材料中，电子只能在一个维度中运动。一维材料有纳米管、纳米线等。1991 年，碳纳米管（Carbon Nanotube，CNT）由日本物理学家饭岛澄男在实验中发现并命名 [3]，如图 4 所示。碳纳米管拥有纳米量级直径和管状外形，长度可以从几纳米延伸到几厘米，结构相当于将石墨烯沿中心轴卷曲后无缝连接。碳纳米管既具有和金刚石相当的硬度，又具有极其出色的柔韧性，自被发现以来受到了研究人员的关注。2019 年，麻省理工学院的团队研究、构建出由碳纳米管构成的 16 位处理器 "RV16X-NANO"，并通过执行程序生成 "Hello World！" 字样 [4]。碳纳米管这一功能的实现，为芯片创新型制造指引了新的道路。以碳纳米管为基础的芯片制造，实现了从 "是否能实现" 到 "何时能实现" 的转变。

图 4　1991 年，日本物理学家饭岛澄男在实验中发现碳纳米管并命名

2. 二维材料

二维材料是仅在一个维度上受到尺寸限制的低维量子材料，电子被限制在一个平面内运动。20 世纪 30 年代，著名物理学家朗道预言，准二维材料在常温下不能稳定存在，因此二维材料一直未得到研究人员的认可。直到 2004 年，英国物理学家海姆和诺沃肖洛夫通过胶带成功从石墨中剥离出单层石墨烯 [5]，如图 5 所示，并研究了其电子传输性能，掀起了全世界的二维材料研究热潮。2010 年，凭借着在石墨烯方面的创新研究，海姆和诺沃肖洛夫获得了诺贝尔物理学奖。石墨烯的能带结构十分特殊，在正六边形布里渊区中的 6 个顶点处各有一个零带隙的线性色散的狄拉克锥。奇特的能带结构使石墨烯具有优异的电学、光学等性质，具有很高的

载流子迁移率和导热系数，良好的透光性、柔韧性、生物相容性，吸引了无数研究人员投入相关研究工作。

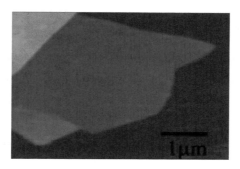

图 5　单层石墨烯剥离

石墨烯的发现掀起了二维材料的研究热潮，二维材料展现出新奇的量子性质，有越来越多的二维材料被研究人员发现。目前，二维材料主要分为以下几大类：第Ⅳ主族元素构成的蜂窝结构二维材料，如石墨烯、硅烯、锗烯、锡烯[6-8]；由第Ⅲ、Ⅴ主族元素构成的硼烯、六方氮化硼、黑磷等；过渡金属硫族化合物。根据性质不同，二维材料还可以分为拓扑绝缘体类材料（如 Bi_2Se_3）、铁电材料（如 InSe）、铁磁材料（如 Fe_3GeTe_2）等。二维材料中的电子被限制在二维平面内，具有大多传统材料不具备的光电特性，在电子器件、催化剂等方面拥有巨大的应用前景[6-8]。

为建立量子乐园中的游乐场，研究人员开始系统研究二维电子气系统中的量子行为。人们为了描述二维电子气系统中电子的运动，建立了二维电子气基础物理模型。二维电子气拥有许多新奇的物理性质，最著名的当属量子霍尔效应。霍尔效应是指当电流沿垂直于外磁场的方向通过导体时，在垂直于磁场和电流方向的导体两个端面之间会出现电势差。强磁场下的二维电子气会形成分立的朗道能级，使得电子在导体中做回旋运动，导体中部的电子被局域形成绝缘体，导体边界上的电子形成能单向传输的金属态电子。在二维电子气中，量子霍尔效应包括整数量子霍尔效应和分数量子霍尔效应。1982 年，索利斯等人利用拓扑不变量解释了整数量子霍尔效应 [9]。1995 年，文小刚用拓扑序概念解释了分数量子霍尔效应 [10]。

除了量子霍尔效应外，量子反常霍尔效应也引起了人们的注意，1988年，霍尔丹提出了量子反常霍尔效应 [11]。经过中国科学院物理研究所的方忠、戴希团队与张首晟团队在理论和材料上的合作研究，薛其坤团队的实验验证，在 Cr 掺杂的 $(Bi, Sb)_2Te_3$ 拓扑绝缘体磁性薄膜中观测到了量子反常霍尔效应 [12]。

搭建原子乐高：低维量子材料的设计与制备

1. 单原子和单分子操纵

欢迎大家来到可以自由搭建原子乐高的低维量子世界。诺贝尔奖得主费曼曾设想："如果有一天人们可以按照自己的意志排列原子和分子，那会产生什么样的奇迹……毫无疑问，如果我们对微观尺度的事物加以控制的话，将大大扩充我们可以获得的材料的范围。"如今，费曼的预言已经初步实现：我们已能够制备包含几十到几万个原子的纳米颗粒，并把它们作为基本构成单元，适当排列成一维量子线、二维量子面和三维纳米固体。高端科研仪器就是科学家的"眼睛"，可用"眼睛"探索奇异的量子世界，推动科学研究和仪器科学的共同发展。1981 年，世界上第一台新型的表面分析仪器——扫描隧道显微镜（Scanning Tunneling Microscope，STM）成功制备。这是人们第一次能够实时地观察单原子和单分子在物质表面的排列状态和与表面电子行为有关的物理、化学性质，成为 20 世纪 80 年代世界十大科技成就之一。1988 年，我国第一台集计算机控制、数据分析和图像处理系统于一体的 STM 由白春礼院士团队成功研制，标志着我国的表面研究真正步入了新的原子尺度世界。

更让科学家们激动的是，STM 的成功研制不仅揭示了材料在原子尺度的局域变化、缺陷态等，还可以进一步实现单原子和单分子尺度的操纵、修饰。当 STM 针尖贴近样品表面移动时，机械力可以使原子沿样品表面滑动，在施加电流时原子可以从样品表面跃迁到针尖尖端，最终再跃迁回样品表面。历史上最经典的原子操纵演示发生在 1990 年，IBM 公司的工作人员在极低的温度下使用 STM 操纵 35 个氙原子在晶体镍的表面移动，拼出了 IBM 公司的名字[13]，如图 6（a）所示。

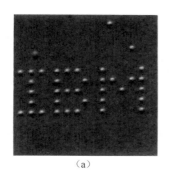 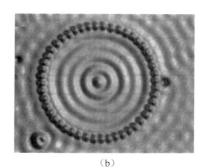

（a）　　　　　　　　　　　（b）

图 6　STM 对单原子的操纵

（a）STM 操纵氙原子在晶体镍表面移动拼成的图案　　（b）量子围栏本征态的空间图像

1993 年，IBM 公司在 4K 温度下，用电子束将铁原子蒸发到清洁的 Cu(111) 表面，在 Cu(111) 表面构造了一个由 48 个铁原子组成的环状结构[14]，如图 6（b）所示。铜表面态电子会形成二维电子气，只能平行于贵金属表面运动。当它们运动在原子台阶附近，或者遇到了被吸附在贵金属表面的原子时，原有的二维表面周期性势场被破坏，表面电子态受到散射。当每个铁原子位于 Cu(111) 表面的空位上时，这样一圈由分立铁原子组成的"量子围栏"能够完全围住环内 Cu(111) 衬底上的表面电子态，被局域在环内的电子受到很强的散射作用，入射与散射电子波之间的干涉会产生电子密度波的驻波图案，产生一系列令人意外的结果。还可以通过 STM 对单分子层进行灵活操纵。对单层石墨烯中无质量狄拉克费米子的观测，衍生了一个新的科学技术领域，旨在对固体材料中具有相对论性行为的载流子加以利用。对狄拉克准粒子的追求是以新材料的合成为基础的，已经扩展到人工晶格系统，比如由超冷原子组成的晶格。此外，在人工构造的结构中还可以产生线性色散的狄拉克能带，微观世界真是太迷人了 [15]！

2. 生长"最小的宝石"

我们处于半导体快速发展的后摩尔信息时代，见证了摩尔定律正逐渐失效，先进工艺驱动芯片持续微缩。在新信息时代必须要有新的技术以及新的材料来支撑基础科学和产业发展。我们一直在为电子器件最小化做努力，器件做得越来越小，也越来越接近物理极限，究竟如何才能迎接 3nm 极小电子器件的挑战呢？关键在于能否制备高质量的原子尺度的材料，这可以称得上是人人渴求的"最小的宝石"了！在低维量子世界，有多种二维材料，每一种二维材料的单原子层都可以看作搭建乐高的最小单元，可以充分发挥想象，将这些不同单元按照我们的想法重新搭建在一起，这样，一个可以用于制备电子器件的新材料就诞生了。

自石墨烯在 2004 年被成功制备以来，众多性能出众的新型二维材料逐渐成为前沿研究热点，有望在信息功能器件和能源存储器件等新型研究领域中得到更广泛的应用。已知的绝大多数二维材料并不适合作为下一代高性能晶体管材料。尽管石墨烯具有很高的电子输运速度，但零带隙电子结构使其无法通过外加电压实现晶体管所需的逻辑运算功能。这时，类石墨烯结构的其他单元素二维材料的优越性就体现出来了。在元素周期表中，与 C 元素同一主族的 Si 原子以 sp^2 杂化形式构成的蜂窝状单原子层二维薄膜被称为硅烯。硅烯和石墨烯具有相似的晶体结构、相同的狄拉克电子体系，以及相同的非平庸拓扑不变量。硅烯的翘曲结构和更大的相对原子质量可以提供更大的自旋轨道耦合强度，有望在液氮温度下实现量子自旋霍尔效应。理论计算结果表明，硅烯作为一种全新的材料，也是一种二维拓扑绝缘体，手性边缘态允许极化的电子自旋流通过，可以实现各种可调的量子效应。如今具有可调控带隙的硅烯已用来制备场效应晶体管，更从实验上证实了狄拉克费米子的存在。回顾类石墨烯材料的研究历程和材料在基础研究领域的迅速发展，我们相信，二维烯材料具有广阔的应用前景。

3. 制备单原子层薄膜晶体

新材料的合成就如同搭建原子乐高，不同乐高零件之间需要有相匹配的颗粒尺寸，"原子积木"之间也自然需要有相似的原子结构。分子束外延（Molecular Beam Epitaxy，MBE）技术就是一种可以通过热蒸发产生分子束的真空镀膜手段，直接在衬底材料上沉积高质量薄膜。它经常用于原子级厚度的低维材料制备，可以有效提高薄膜的质量。在超高真空环境下，通过调节蒸发源材料的温度以控制束流大小，再控制衬底温度，使原子以气体分子形式沉积到衬底上，可以精确实现单层、少层薄膜在外延衬底上进行原子级可控性生长。蒸发源蒸发出的原子通过各种方式到达衬底之后会继续在表面跳跃，有的原子会找到稳定的结合位置与衬底发生反应；有的原子会直接脱附到真空中；剩下的原子会在衬底表面不断迁移，在成核处聚集形成原子团。利用 MBE 技术得到的薄膜主要以二维层状生长模式生长，先生成均匀的单原子层，然后在三维方向上继续生长多层原子层，直至堆垛成为二维层状薄膜。衬底的表面结构会对制备出的二维材料本身的结构和性能有影响。通过 MBE 技术这种自下而上的生长方法，许多在自然界中无法存在的单元素二维材料诞生了。单元素二维烯材料可以通过 MBE 技术在各种各样的衬底上实现完美生长。2015 年，锡烯二维晶体薄膜（α-Sn 薄膜）首次通过 MBE 技术成功制备。α-Sn 薄膜与硅烯类似，也为具有翘曲结构的二维材料。锡烯经过氢或卤素表面功能化处理之后有望成为带隙为 0.3eV 的量子自旋霍尔拓扑绝缘体，在室温下实现量子自旋霍尔效应，在一定的压缩应变下还可转变为三维拓扑狄拉克半金属。经过研究团队的不断尝试，在 $Bi_2Te_3(111)$、$PbTe(111)$、$InSb(111)$、$Au(111)$、$Ag(111)$、$Cu(111)$ 等衬底上都可以使用 MBE 技术成功生长出具有不同电子性质的锡烯。虽然二维材料的制备表征、器件应用都已经比较成熟，但基础研究到产业化的实际应用之间还有相当长的一段距离。二维材料的大面积均匀生长、新型二维材料的制备、新型异质结构器件的集成设计等都是我们正在面临的挑战。

理解和应用量子物质

量子力学的哥本哈根诠释中的二元结构将微观世界与宏观世界分开，微观世界遵循量子力学规律，宏观世界遵循经典力学规律，但是，科学家相信规律是统一的，量子力学应当也适用于宏观世界。物理学家在实验中发现，当外界温度足够低时，大量粒子的宏观行为会呈现出量子效应，可以用宏观波函数来描述，较为著名的就是超导现象。在常规超导体的 BCS 理论解释中能够发现：首先，库珀对在超导体中具有宏观数量；其次，库珀对占据单一电子态，具有和微观粒子相同的量子力学性质，这种拥有宏观数量的微观粒子在宏观尺度上的行为，可以称为宏观量子态或者宏观波函数。因此，我们说超导是宏观世界的量子行为，超导是在宏观尺度上表现出的量子效应。

约瑟夫森结又称为超导隧道结，我们可以想象这样一个三明治形的异质结构，它的上下都由超导体构成，中间由纳米量级厚度的非超导体（绝缘体或者金属）构成，库珀对由于具有量子特性，在一定情况下会出现量子隧穿现象，库珀对穿过中间的非超导体部分，在两个超导体间流动，如图 7（a）所示。基于约瑟夫森结的宏观量子效应，科学家发展了超导量子比特技术。如图 7（b）所示，在实际超导量子电路设计中，还基于约瑟夫森电感能量与电荷能量的相对大小，将量子比特分为电荷量子比特、磁通量子比特与相位量子比特。除此之外，超导体的低耗散特性还为超导量子比特提供了更长的退相干时间，保证了其稳定性。由此可见，基于约瑟夫森结构建超导量子比特，是未来量子计算的新兴发展方向 [16]。

（a） （b）

图 7 超导约瑟夫森结阵列芯片和超导量子电路

（a）超导约瑟夫森结阵列芯片 （b）超导量子电路

结语

　　一小块乐高，奇妙的组合，产生绝妙的性质。量子物质本身原子级的尺寸，以及由尺寸限制衍生出的区别于其他三维材料的崭新量子特性，让我们可以实现原子尺度乐高的搭建，许多自然界中本不存在的新材料横空出世。量子力学和凝聚态物理学的建立极大地扩展了我们对材料的认知，打开了信息时代的大门。在未来，超导材料、量子加密、量子通信等多个领域的研究离不开量子力学。量子材料优异的特性让我们对其充满了期待。

参考文献

[1] 丁斌刚, 宁平治, 张大立. BCS理论下粒子数涨落的研究[J]. 中国科学（G辑: 物理学 力学 天文学）, 2007, 37(1): 33-40.

[2] XU X, RAY R, GU Y, et al. Electrophoretic analysis and purification of fluorescent single-walled carbon nanotube fragments[J]. Journal of the American Chemical Society, 2004, 126(40): 12736-12737.

在原子尺度搭乐高：构建量子物质

[3]   IIJIMA S. Helical microtubules of graphitic carbon[J]. Nature, 1991, 354: 56-58.

[4]   HILLS G, LAU C, WRIGHT A, et al. Modern microprocessor built from complementary carbon nanotube transistors[J]. Nature, 2019, 572(7771): 595-602.

[5]   NOVOSELOV K, GEIM A, MOROZOV S, et al. Electric field effect in atomically thin carbon films[J]. Science, 2004, 306(5696): 666-669.

[6]   DU Y, ZHUANG J, WANG J, et al. Quasi-freestanding epitaxial silicene on Ag (111) by oxygen intercalation[J]. Science Advances, 2016, 2(7): e1600067.

[7]   MU H, LIU Y, BONGU S, et al. Germanium nanosheets with Dirac characteristics as a saturable absorber for ultrafast pulse generation[J]. Advanced Materials, 2021, 33(32): 2101042.

[8]   LIU Y, GAO N, ZHUANG J, et al. Realization of strained stanene by interface engineering[J]. The Journal of Physical Chemistry Letters, 2019, 10(7): 1558-1565.

[9]   THOULESS D, KOHMOTO M, NIGHTINGALE M, et al. Quantized hall conductance in a two-dimensional periodic potential[J]. Physical Review Letters, 1982, 49(6): 405-408.

[10]   WEN X. Topological orders and edge excitations in fractional quantum Hall states[J]. Advances in Physics, 1995, 44(5): 405-473.

[11]   HALDANE F. Model for a quantum Hall effect without Landau levels: condensed-matter realization of the "parity anomaly"[J]. Physical Review Letters, 1988, 61(18): 2015-2018.

[12]   CHANG C, ZHANG J, FENG X, et al. Experimental observation of the quantum anomalous Hall effect in a magnetic topological

insulator[J]. Science, 2013, 340(6129): 167-170.

[13] EIGLER D, SCHWEIZER E. Positioning single atoms with a scanning tunnelling microscope[J]. Nature, 1990, 344 (6266) : 524-526.

[14] CROMMIE M, LUTZ C, EIGLER D. Confinement of electrons to quantum corrals on a metal surface[J]. Science, 1993, 262(5131): 218-220.

[15] GOMES K, MAR W, KO W, et al. Designer Dirac fermions and topological phases in molecular graphene[J]. Nature, 2012, 483(7389): 306-310.

[16] 余玄, 陆新, 奚军, 等. 基于约瑟夫森结的超导量子芯片进展概述[J]. 计算机工程, 2018, 44(12): 38-45.

在原子尺度搭乐高：构建量子物质

杜轶，北京航空航天大学物理学院教授、博士生导师，先后入选澳大利亚伍伦贡大学校长研究学者、澳大利亚研究委员会未来研究基金、国家海外高层次人才引进计划等人才计划项目。组建表面物理与量子物质研究团队，主要工作方向为在原子尺度设计并研究新型低维量子材料的生长、物性和新奇量子效应；室温液态金属智能响应材料的设计与开发；光电催化及能源转换的表面热力学和动力学原子/分子尺度原位研究。发表 SCI 论文 230 余篇。

冯海凤，2018 年博士毕业于伍伦贡大学澳大利亚创新材料研究所，2020 年 10 月作为卓越百人博士后入职北京航空航天大学物理学院。主要研究方向包括新型二维量子材料的制备和物性研究、表面催化过程及机理探索。共发表 SCI 论文 45 篇，其中以第一作者或通信作者身份发表 SCI 论文 15 篇。担任 *Nature Communications*、*Sensors and Actuators B: Chemical* 等期刊的审稿人。

优雅而神秘的"双面人"：光

北京航空航天大学物理学院

王 帆 钟晓岚

人类的求知欲从人类祖先仰望星空的那一刻就逐步引导我们解开这世间的一个又一个奥秘。我们认识"光"这位神秘的老朋友的时间比首次仰望星空的时间还要悠久。我们迟迟不能对光有一个全面的认识，直到 20 世纪 20 年代，物理学界才基本对光的波粒二象性达成共识。光的研究贯穿了整个物理学史，并且与我们的未来关系密切。

旧时代的荣光

传统光学是一门古老而极富魅力的学科，研究内容十分广泛，包括光的发射、传播、吸收等。光与其他物质的相互作用、光的本性问题以及光在社会生产中的应用等引起了人们极大的兴趣。人们对于光有种特殊的亲切感。"假如不是我们的眼睛像太阳，谁还能欣赏光亮？"是德国诗人歌德的名句。现代光学的研究对象早已不限于可见光，在光学长期发展过程中，研究对象已扩展至频率范围更广的电磁波。短至 γ 射线，长至无线电波，光学不断打破学科之间的壁垒。下面将带领大家浏览光学的发展历程。

1. 属于光学的华彩乐章

经典光学的发展历程大致可分为萌芽时期、几何光学时期、波动光学时期。春秋战国时期的《墨经》中就记载了光的直线传播（影子的形成、小孔成像）和镜面反射等现象背后蕴含的经验、规律。11 世纪末，沈括在《梦溪笔谈》中不仅记载了极为丰富的几何光学知识，而且在凸（或凹）面镜成像规律、测定凹面镜焦点的原理及虹的成因等方面都有创造性阐述。15 世纪末到 16 世纪初，透镜等光学器件已经开始出现。几何光学的研究热潮可称为光学研究史上的一个转折点。1608 年，利伯希发明了第一架望远镜。1610 年，伽利略用自制的望远镜观察星体，还给哥白尼的"日心说"提供证据。斯涅尔和笛卡儿为折射定律的精准定量做出了突出贡献，费马在 1657 年提出"光程取极值"的费马原理，并由此反推出光的反射定律和折射定律，基本奠定了几何光学的基础。在这一时期，格里马尔迪和胡克通过观察发现了光的衍射现象，给光的波动理论埋下了启蒙的种子。牛顿研究了三棱镜分光实验，并提出了光是微粒流的假说，但这一假说在解释牛顿环（见图1）实验时遇到了困难。惠更斯反对"微粒说"，认为宇宙空间充斥着弹性介质——以太，而光的传播则取决于以太的弹性及密度。"微粒说"和"波动说"的争论逐渐走上了历史舞台。

19世纪，波动光学体系初步形成。最著名的实验当属托马斯·杨在1801年完成的"杨氏双缝干涉实验"，他第一次成功测定了光的波长。惠更斯原理也得到了完善，成为波动光学中的一个重要原理。1808年，马吕斯发现光的偏振现象，托马斯·杨基于以太假说提出光的弹性波动理论，菲涅耳提出菲涅耳公式。这些发现看似完美，但神秘的以太及人们赋予其的诸多性质使得一切蒙上了一层阴影，深层次的矛盾也进一步被人们发现。

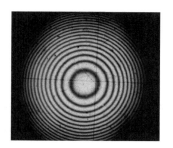

图1　牛顿环实验揭示光的波动性

同一时期，电磁学的飞速发展带动了光学发展，光学不再是一个孤立的学科。1845年，法拉第发现光的振动面在强磁场中旋转，揭示了光学现象和电磁现象的内在联系。韦伯发现了电荷的电磁单位和静电单位的比值接近真空中的光速。1865年，麦克斯韦继承了法拉第的观点，提出了被誉为"最美的物理公式"的可以用来描述电场、磁场与电荷密度、电流密度之间关系的麦克斯韦方程组，指出电磁波以光速传播以及光是一种电磁波。光是一种波的结论几乎是板上钉钉的事儿了。1888年，赫兹通过实验验证了电磁波的速度等于光速这一结论。至此，光的电磁理论基础更加稳固，揭示了光和电磁波的内在一致性，物理学的发展也到达了当时的顶峰，仿佛可以揭示世间所有的奥秘。但是，这样的"荣光"却逐渐被两朵小小的"乌云"笼罩，物理界新的革命即将到来。

2. 荣光下的两朵乌云

1900 年，著名物理学家开尔文在英国皇家学会发表了一篇演讲，题目为"在热和光动力理论上空的 19 世纪的乌云"，他回顾了物理学的伟大发展历程，提出了物理界的两朵乌云，第一朵乌云就是我们之前提到的以太。在古希腊，以太是物理学史上一种假想的物质，它由著名哲学家亚里士多德提出。最开始，以太被人们认作一种神秘的物质 [1]。17 世纪，法国数学家笛卡儿最先将以太引入科学范畴，他认为宇宙中物体之间的相互作用必须由某种媒介来传递，空间中充斥的以太能够传递宇宙万物之间的作用力。后来，以太同波动说联系起来。到了 18 世纪，光的微粒说成为主流，波动说逐渐没落，这导致以太逐渐淡出人们的视野，直到 1801 年，托马斯·杨进行了著名的杨氏双缝干涉实验，实验证实了光是一种波，这再次将光的波动说推向热潮，由于光的波动说需要媒介支撑，这也导致之后的很多科学家再次相信以太的存在。在当时，人们认为光在以太中的传播速度是 3.0×10^8 m/s，如果存在一个实验，能够找到地球相对以太的速度，就能证明以太的存在。1887 年，迈克耳孙和莫雷开展了一个寻找以太的实验——迈克耳孙 - 莫雷实验。1895 年，洛伦兹提出了著名的洛伦兹变换，他认为相对以太运动的物体在运动方向上的长度会发生收缩，同时，这一方向上的时间也会变慢，保证了光速不变。这一观点的提出解释了迈克耳孙 - 莫雷实验，同时保留了以太的概念，指出了光速不变性。10 年之后，爱因斯坦放弃了以太的概念，并且以光速不变原理以及狭义相对性原理为基本假设，建立了狭义相对论，指出了时间和空间并不相互独立，它们是一个统一的四维时空整体。1916 年，爱因斯坦发表了广义相对论，这一理论将狭义相对论推广到万有引力定律中，是描述物质间引力相互作用的理论。

第二朵乌云是黑体辐射实验中的紫外灾难。19 世纪，人们对黑体辐射产生了兴趣，德国物理学家基尔霍夫开展了黑体辐射实验，为了解释黑体辐射的实验结果，物理学家维恩建立了辐射能量分布公式，但是这个公式只适用于短波范围，之后，英国科学家瑞利和金斯推出了瑞利 - 金斯公式，但这个公式不再适用短波范围。随着波长变短，黑体辐射的强度会无休止地增加，然而这是根本不可能的，这就是紫外灾难。普朗克将辐射能量基于频率分成一份一份的"能量子"。基于这样的新模型，黑体辐射的正确公式最终确定，经过科学家的验证，这个公式与黑体辐射实验精准地吻合。尽管当时普朗克并不完全明白他所提出的公式有什么样的物理意义，但是他确确实实打开了物理学的"潘多拉的魔盒"，从里面走出来的能量子最终导致了量子革命的爆发。1905 年，爱因斯坦提出了光子说，他用能量量子化的概念解释了光电效应，直接动摇了光的波动说，提出了光的波粒二象性这一假说。1923 年，法国物理学家德布罗意提出了微观粒子具有波粒二象性的假说，并且得到了爱因斯坦等人的认可。1925 年，海森伯和玻恩、约尔丹 3 人一起建立了矩阵力学，用矩阵力学揭示波粒二象性。一年后，薛定谔给出了微观体系的运动方程，从而建立起波动力学，用人们更容易理解的方式描述光的波粒二象性，并证实了矩阵力学和波动力学具有相同的数学等价性。此外，狄拉克和约尔丹各自发展了一套变换理论，给出了量子力学的数学表达形式。

光子时代

乌云不会永远遮蔽天日，在玻尔、薛定谔、狄拉克、海森伯这一批人的努力下，物理学的天空又晴朗了起来，确切地说是比以前更加晴朗了，我们可以用更深邃的目光来看待这个世界，量子理论的帷幕就此拉开。光子与量子不一样，光子是我们看得见、摸得着的"老朋友"，这是光的粒子性的

优雅而神秘的"双面人"：光

体现。

1. 神秘的光子

经典电磁理论认为，光是一种典型的电磁波，仅具有波动性。这一结论在宏观领域看似准确，但随着人们的研究逐渐拓展到微观领域，这一结论的缺陷便暴露无遗。1887 年，德国物理学家赫兹首次发现了光电效应，即当一束光照射到金属物体表面，金属中的电子能够吸收光能并从金属表面逸出的现象。利用经典电磁理论无法解释这一现象。1905 年，爱因斯坦开创性地提出了光子说，他指出光不仅具有波动性，同时还具有粒子性，光辐射本身是量子化的，一份一份的光辐射称为光子，这一里程碑式的学说构建，拉开了量子理论研究的序幕。

在光子说中，光子的能量取决于光子频率，不同频率的光子具有不同的能量，与一般的粒子不同，光子是不带电荷且静止质量为 0 的基本粒子。基于这一学说，光电效应给人们带来的困惑迎刃而解：辐射到金属表面的光子被电子俘获，电子吸收了光子的能量，一部分用来产生光电子运动的初动能，另一部分用来提供逸出功。

光子说不仅完美地解释了光电效应，还能准确地描述、解释光与物质相互作用所引发的各种现象。激光的英文单词是 Laser，它是 Light Amplification by Stimulated Emission of Radiation 的缩写，中文翻译为受激辐射光放大，简单的理解就是，当一个处于高能级的原子在频率为 v 的外加光场作用下，受激跃迁到低能级，同时辐射出一个频率为 v 的光子，从而实现光放大。这种光子与原子的相互作用，是激光领域研究的基础。激光被誉为 20 世纪最重大的发明之一。激光技术的发展催生了腔光力学的发展。早在 17 世纪，开普勒发现彗星的尾巴总是指向远离太阳的方向，进而提出光能够给予宏观物体压力，然而，自然界中光压过于微弱以至于人们很难真正感受到。随着激光的问世，光与力学系统的相互作用逐渐被人们发现。研究光学微腔中光与力学振子相互作用的腔光力学被 *Nature*

列为光学发展史上第 23 个里程碑。目前，在实验中已经有多个系统用于研究腔光力学。2017 年诺贝尔物理学奖颁给了对引力波研究做出突出贡献的物理学家，引力波从此备受关注，而用于探测引力波的一个关键部件就是腔光力系统。

与其他量子系统一样，光子对也具有神秘的量子纠缠效应。一般认为，当两个粒子的距离足够远时，彼此间不存在相互作用。然而，当两个粒子相互纠缠时，即使相距遥远，仍然存在"鬼魅般的远距作用"，即若对一个粒子的状态进行测量，另一个粒子会坍塌到对应的态上。这种现象称为量子纠缠。量子纠缠是量子理论的重要基石，因其在量子计算、量子通信等领域具有重要应用，引起物理学家们极大的研究兴趣。我国在量子纠缠领域的研究已经步入世界前列。2016 年，我国成功发射了量子通信卫星"墨子号"，率先成功实现"千公里级"星地双向量子纠缠分发，并打破世界纪录；同时，我国建设了量子保密通信干线——"京沪干线"，我国的量子研究趋于产业化。

2. 单光子的产生与应用

我们在生活中用到的光源，包括激光，全是由众多光子组成的。单光子源作为非经典光源的代表，在量子模拟、量子信息处理、量子计算等领域扮演着重要的角色。所谓单光子源，顾名思义，就是指在固定的时间间隔内确定性地发射单个光子的光源。在实验中，为获取单光子源，已有多种制备方案，例如最简单的通过衰减法获得单光子，或是通过非线性晶体产生纠缠光子对。但是，若想获取高纯度、高亮度的单光子，仍然需要创新制备方案。近年来，研究人员利用光子阻塞效应可以制备高品质的单光子。光子与电子不同，获得单电子显然要容易得多，电子是费米子，满足泡利不相容原理，光子属于玻色子，这使得光子通常不能实现类似电子的阻塞。若想实现光子阻塞，则要求第一个进入系统中的光子会阻碍下一个光子的进入，也就是量子光学中提到的光子反聚束效应，此时光子趋向于一个接一个地到达探测器。在量子光学中，通常利用二阶关联函数，也就是光子的光强之间的关联来判断光子阻塞效应的强弱，光子阻塞效应原理如图 2 所示。当二阶关联函数趋近于 0 时，可认为实现了较强的光子阻塞效应。目前，在实验中可以实现光子阻塞效应的体系有许多，例如光子晶体微腔、腔光力系统、纳米光纤等。

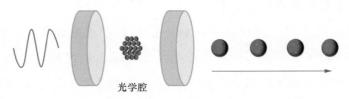

光学腔

图 2　光子阻塞效应原理

　　然而，受限于实验条件和实验成本等，在实验中获得理想的单光子源并不是一件容易的事。因此，我们需要在理论上进行一定的创新，以便更好地指导实验。我们发现，纳米光纤具有强光场约束、强倏逝场等显著优势，易于实现光学腔与原子的强耦合，并且制造工艺相对成熟、价格低廉。于是，基于纳米光纤系统实现光子阻塞效应具备一定的可行性。我们以纳米光纤为主体，将其与两个光纤布拉格光栅进行连接，从而形成法布里 - 珀罗结构的光学腔。通过理论计算与数值模拟相结合的方法，我们发现当腔场驱动强度与原子驱动强度之比为特定的数值时，可以同时实现极低的二阶关联函数值（约 1×10^{-4}）和较高的平均光子数（约 1×10^{-2}）[2]。这就为实验中制备高性能单光子源提供了理论基础。单光子源的获得，为量子计算机以及量子通信领域的研究奠定了坚实的基础。

　　量子计算是一种利用量子态来执行运算的计算类型，主要利用的是量子态的叠加、干涉和纠缠等。量子计算机利用了量子相干叠加原理，理论上存在具有超强的并行计算和模拟能力的计算机。光子计算机的硬件技术路线包括但不限于量子阱、离子阱、半导体、拓扑、金刚石 NV 色心、冷原子等。量子计算的传统算法有舒尔算法和格罗佛算法、解线性方程组量子算法（如 HHL 算法），这些算法可以大幅提高组合优化效率，实现加速优化。量子计算机在数据处理方面的优越性日益凸显，但由于退相干、规模化、纠错能力等技术有待突破，实现工程化应用仍是当前面临的挑战。2017 年，我国研发的"九章"量子计算机处理的"高斯玻色取样"的速度比超级计算机"富岳"快 100 万亿倍。也就是说，当进行 5000 万个样本的"高斯玻色取样"时，"九章"仅需 200s，截至 2020 年，世界最快的超级计算机"富岳"需 6 亿年。"九章"量子计算机的光学系统如图 3 所示。2021 年，潘建伟团队先后研制成功 62 比特可编程超导量子计算机原型机"祖冲之号"以及 66 比特"祖冲之二号"，实现了量子计算优越性。基于评估结果，"祖冲之二号"的计算复杂度比谷歌的"悬铃木"高 5 ～ 6 个数量级。

图 3   "九章"量子计算机的光学系统

介绍完量子计算机，让我们来看看处理后的信号是怎样被传输的，也就是我们所说的量子通信。量子通信主要基于量子纠缠理论，使用量子隐形传态的方式实现信息传递。简单来说，处于纠缠态的两个粒子间具有超距作用，它们无论相距多远，只要其中一个发生变化，另外一个瞬间也会发生变化。1935 年，爱因斯坦等人发表了一篇关于 EPR 佯谬的学术论文，提出了量子纠缠的概念。潘建伟团队将长寿命冷原子量子存储技术与量子频率转换技术相结合，采用现场光纤在独立量子存储节点间（直线距离 12.5km）建立纠缠[3]。

3. 光子与新物态

光与物质的相互作用为这个世界提供了无限可能，无论是在微纳光学领域，还是在生物、医学、材料、化学等领域，为科技的进步提供了重要保障。下面介绍光与不同物质间的相互作用，以及因此而产生的一些新奇现象。

（1）金属电子模型与表面等离激元

我们知道，原子由原子核和电子组成，原子核带正电，质量远大于（约为电子质量的 1800 倍）电子，电子运动速度比原子核大 3 个数量级。因此，在描述电子性质的时候常采用绝热近似法，即近似认为原子核是不动的，电子在原子核形成的势场中运动，形成电子云。我们可以想象一下，在一个介电常数不为 0 的电介质中，如果不存在外加电场，那么原子就会处于电子云对称分布的状态；如果存在外加电场，情况就会变得不太一样，此时原子的电子云会发生偏移，电子远离原子核。有趣的是，这部分电子的运动会发出所谓的"次波"，次波与外加电场发生干涉，称为介质的极化作用。在考虑电子云的整体运动时，可以将其简化为简谐运动。通过这个方法，我们可以得到极化率和介电常数的表达式，从而求解极化电场与净电场，这就是经典的洛伦兹模型。

对于金属材料而言，情况有些不同，金属中存在大量的自由电子，不能用电介质（绝缘体）的方式来理解光与金属材料间的相互作用。德鲁德提出，当金属原子聚集在一起形成金属时，价电子分离并在金属中自由游动形成电子气，金属离子保持不变，扮演德鲁德模型中不活动的正粒子角色。如果在上述洛伦兹模型的基础上，假设金属原子的固有频率为 0，可以得到德鲁德 - 洛伦兹模型。金属电子气的集体运动波满足的频率称为等离子体频率。有了这个概念，我们就容易理解为什么金、银、铜、铁等材料看起来具有金属光泽，这是因为当外加光场频率小于等离子体频率时，光子的能量不足以激发一个等离子，光子会被反射，从而使材料表面呈现出金属光泽。那么金属会不会是透明的呢？当外加光场频率远大于等离子体频率时，吸收近似为 0，金属表现为弱吸收，可以实现近乎透明的外观！其实古人早已经学会利用等离子体来展示多彩的世界，许多彩色玻璃正是因为等离子体的存在而变得赏心悦目，巴黎圣母院的彩色玻璃也是如此，如图 4 所示。

图 4　巴黎圣母院的彩色玻璃

　　有了等离子体的概念，我们不妨再深入思考一下：在金属与介质（如空气）的交界面是否会产生等离子体呢？其实，在交界面同样会产生，只不过此时的等离子体的频率略有不同，人们给它起了个名字，叫作表面等离激元，它保留了作为受限光子的玻色子特性。表面等离激元可以沿表面传播，也会在其余维度上进一步受到几何形状的限制，以产生类似于水面上的驻波的局部表面等离激元。随着微加工技术的发展，表面等离激元在现代光学中具有许多应用，例如纳米天线可以用来产生几十纳米的热点，又如纳米探针在超分辨光学显微成像中大放异彩。

　　基于表面等离激元的特性，我们建立了数套完善的全解析理论，通过调控低维表面等离激元系统的各个参数，针对金属材料的损耗特性开发了低维表面等离激元增益器件，并将研究成果推广至纳米激光器领域，建立了国际上首个用于描述表面等离激元激光器的全解析半经典理论模型。利用这一模型，我们提出通过增益调控实现制备表面等离激元激光器的可能。同时，我们还证明了表面等离激元在吸收自感应透明现象中起到的关键作用，这对于人们理解和利用吸收自感应透明效应具有重要的科学意义。此外，考虑到表面等离激元的局域场增强特性，我们打破传统二维器件的设计方法，提出了复合三维结构，增大了近紫外至近红外波段的不同光敏材料的光吸收截面面积，由此提高了光催化效率、光敏探测效率、光电探测效率等，为器件设计打开了全新思路。

（2）光与物质的耦合

光与物质相互作用在自然界中非常重要，如光的吸收、光的非线性效应、光合作用等。大自然中的可见光波长范围为 400 ～ 760nm，原子尺度在亚纳米级别，如何实现两者之间的强相互作用引起了科学家们的广泛关注。

光与物质的耦合在微观上的表述要借助量子光学理论，简言之，我们可以理解为电磁场和原子之间的相互作用。电磁场和原子被量子化，即能量不再是连续分布的，电磁场和原子具有对应的分立能级，这种思路是量子光学中非常重要的出发点。人们可以把光与物质相互作用看作"裸"光子和"裸"介质之间的相互作用，当二者频率相同时，会产生共振，把这个想法带入量子化的光与物质相互作用中，结论同样是成立的。当原子的跃迁频率与电磁场的频率相同时，就会产生共振，从而引发强耦合相互作用。

（3）强耦合与极化激子

珀塞尔在 1946 年的重要发现（珀塞尔效应）开启了腔量子电动力学（Cavity Quantum Electrodynamics，CQED）的研究，为增强和操纵腔光场与不同粒子（如原子等）之间的相互作用作出了贡献。当量子化光学微腔与单个粒子之间发生超快能量交换产生拉比劈裂时，系统进入强耦合状态，形成两个新的激子极化激元态，Jaynes-Cummings（J-C）模型从理论上给出了解释。1998 年，人们首次观测到了 160meV 的拉比劈裂，在光与物质强耦合领域开启了新的篇章。随后数十年，人们利用不同材料，陆续在不同光学微腔中实现了强耦合相互作用，通过光学允许的不同类型跃迁实现的强耦合又可细分为电子跃迁强耦合、振动跃迁强耦合以及声子跃迁强耦合等，在有机材料体系中多以前两种跃迁形式为研究对象。近十年来，国内外许多研究团队利用强耦合激子极化激元实现了对许多新奇物态的调控，如提高载流子传输速率、增强非辐射能量转移效率、实现超距非辐射能量转移、调节基态化学反应等。

第一个实现光与物质强耦合相互作用的量子实验是阿罗什等人使用微波腔和里德堡原子进行的。2012 年，他们被授予诺贝尔物理学奖。随着半导体微腔技术的进步，1992 年，人们首次在全固态的 GaAs 量子阱材料中观测到 5meV 的拉比劈裂，随后人们在强耦合条件下的无机材料中发现了许多宏观量子现象，如极化激元激射、凝聚相和超流体等。在 CQED 系统中，光与物质相互作用是指量子化的光学模式与不同激子之间的相互作用，在固体材料中，激子大致可以分为万尼尔激子和弗伦克尔激子。前者大多对应无机材料，结合能大约为 10meV，室温下的热激发声子能量约为 25meV，这使得只有在极低温时才能够在无机材料中观测到激子的存在，且拉比劈裂能量较小（ $\leqslant$ 10meV），大大限制了 CQED 系统的应用。有机材料中的激子大多属于弗伦克尔激子，结合能为 0.1 ～ 1eV，属于紧束缚激子，在室温下可以稳定存在，因此可以在室温观测到很大的拉比劈裂能量（>100meV），该类型激子具有较大的应用前景。

我们在研究光与物质强耦合相互作用的过程中发现，当激子跃迁与光学共振模式之间发生超快能量交换而造成能级劈裂时，基于强耦合系统特有的非局域特性，能够极大提高非辐射能量转移效率，在能源危机日益严重的现代社会，进行能源利用与转化的研究具有很强的现实意义。截至目前，可达到 100% 的能量转移效率极限。此外，我们在国际上首次通过激发光谱和飞秒激光瞬态吸收光谱，证实了杂化态下供体寿

优雅而神秘的「双面人」：光

命会减少，能量转移效率与非耦合状态下的效率相比增加了至少 7 倍以上。传统的非辐射能量转移方式可以分为 Dexter 能量转移和 Förster 能量转移两种，无论基于哪种方式，都受到了严格的供 - 受体距离限制。通过理论计算发现，在非局域相干态的作用下，Förster 能量转移半径增加了 2.5 倍以上，超出了人们预计的 10nm 极限。这一发现对相干能源运输和光能捕获等具有极其重要的意义。在这一工作的基础上，我们利用光与物质强耦合相互作用产生的非局域相干纠缠态，成功实现了国际首例强耦合条件下的超距非辐射能量转移，转移效率高达 37%（采用传统手段的转移效率为 0）。实验中的供 - 受体距离大于 100nm，远远超出传统转移极限（10nm），摆脱了供 - 受体距离限制 [4]。这一成果刷新了人们对传统能量转移体系的认识，*Science* 期刊评论该工作：在 Dexter/Förster 能量转移方式之外，开创了一种全新的非辐射能量转移方式。

让光照进新时代

在光学理论快速发展的同时，光学技术也伴随光纤到户，确确实实地走进了千家万户，改善了我们的生活水平。激光、光波导，以及光学调制技术的发展让光信息学、光成像学等快速发展，推开了新时代的大门，许多之前只存在于科幻电影中的技术即将实现，例如《星球大战》系列电影里的全息投影已经在实验室里实现了。在这里，我们将首先介绍光在信息科学中的应用，然后介绍光学技术领域的两个前沿方向，也是我们近几年的两个研究方向——光学显微成像与光镊。

1. 光与信息

光通信的核心是光波导。波导是导引电磁波沿着特定的路径或一定方向传播的装置，被导引的电磁波被称为导行电磁波。对于射频电磁波，即频率在 300GHz 以下的电磁波，中空的金属管道被广泛地用于传输射频电磁波，常见的结构有矩形波导、圆柱形波导、同轴线和微带线等。要了解波导，需要了解波导中电磁波的传输模式，不同于理想自由空间中传播的电磁波，波导中电磁波的振幅保持不变，只有相位随着传播距离变化发生了改变。

对于工作频率更高的光波导，根据波导构型不同，可分为平面波导、微带波导和光纤波导。人们利用折射率分布的不同，设计出了阶跃型光纤和梯度型光纤。用于传输光波的条形波导（包括矩形波导）利用折射率的不同将能量限制在特定的区域进行传播，内场分布的计算要比微波矩形波导复杂，需要借助一些近似理论来分析。以常见的光纤波导为例，由于其工作频率很高，我们一般应用几何光学来分析，选取具有合适折射率的材料充当内芯和包层，可使在内部传输的光纤发生全反射，从而很容易实现对光波的导引，只要仍然能够满足全反射条件，光纤甚至可以承受一定程度的弯折。

光通信系统包括发射器、传输通道和接收器 3 个部分。早期的光通信比如信号灯通信，它是自由空间中的通信，激光可以在自由空间中传输，但是常常受限于地理位置、气候等自然环境。因此，现代光通信技术常常利用光纤、光放大器、激光、路由和其他技术实现通信。光纤是最常用的传输通道之一，发射器可以选择发光二极管、激光二极管。常用红外光进行传输，因为红外光在光纤中的衰减和色散较小。在通信的前端或后端，进行光信号的调制是不可或缺的一部分。所谓调制，包括对信号的振幅、相位、频率进行调制。收音机中的 AM、FM 分别代表振幅和相位两种信号调制方式。简单理解就是给信号的振幅或频率额外加一个因子，这个因子可以是随时间变化的。当然，在通信的后端需要解调以重现原信号。

上述技术在日常生活中有很多应用，在 5G 技术中，小块服务区中的所有终端通过多输入多输出天线进行通信，小块服务区中的所有终端形成一个单元，该单元通过射频电磁波与电话网络连接，实现超高的传输速率。类似地，我们通过手机搜索到 Wi-Fi 信号，我们常用的 Wi-Fi 路由器中也包含调制解调器、信号放大器和天线，所有与路由器连接的终端形成基于电磁波的通信网络。此外，为了实现更稳定的连接、更大的带宽和更高传输速率，人们提出了一种可见光无线通信技术 Li-Fi，实现了从射频无线传输技术到光无线传输技术的转变。该技术已经可以在特定的数据中心环境下，实现对不同传输速率的支持，最高可支持 10Gbit/s 的传输速率 [5]。

值得一提的还有 LiDAR（激光雷达），该英文缩写取自 Light Detection and Ranging。所谓雷达，原指通过射频电磁波对目标距离、目标角度、目标速度等进行探测的设备，现阶段雷达的概念已经拓展到了频率更低的声波和频率更高的光波。我们要介绍的激光雷达可以通过激光从发射器发射到接收器接收回波的这段时间，实现对目标角度和目标距离的定位。基本原理可以简单理解为，发射一个激光脉冲，其向特定的方向传播，当它传播到目标位置时，会产生返回发射位置的散射波。探测到散射波后，记录所用的总时间，再利用波速就可以计算出目标距离。通过引入更复杂的基于不同方向的扫描方式，我们可以得到更丰富的三维信息，利用计算机处理数据可以得到三维图像 [6]。

此外，光除了遇到固体时会发生散射，遇到大气波动时也会产生一定程度的散射，这使得测量风速成为可能。光在照射到某些特定的荧光团时还会产生荧光反应，对荧光信号进行探测可以实现更精细的成像探测。

2. 光学显微成像与光学显示

光学显微成像主要用于观察人眼无法直接看到的物体，被广泛应用于生物、医学和材料等多个领域，是重要的研究工具之一。成像技术包括明场成像、暗场成像、相衬成像和微分干涉成像等。

为了提高对细胞等透明样品的成像效果，可以使用荧光染料对样品进行标记。荧光染料可以在激光的照射下发出波长更长、能量更低的荧光，从而过滤掉激光背景和不需要观察的其他样品结构，获得清晰的单一图像。荧光标记成像用于对一种或多种细胞器进行选择性成像，在现代生命科学的研究中具有很重要的意义。常见的荧光标记成像方法有宽场成像、共聚焦成像和双光子成像等。宽场成像类似于明场成像，直接用相机记录下样品图像。共聚焦成像使用聚焦后的约 200nm 的激光束焦点对样品进行逐点扫描，使用一个很小的针孔对收集到的荧光进行过滤，去除背景杂光，并使用光电倍增管或单光子探测器记录，可以获得分辨率很高的样品图像，是一种生物研究中常见的成像方法。双光子成像通常使用脉冲红外光，只有激光焦点附近的中心区域才能激发出荧光，不需要用针孔对荧光进行过滤，常用于深组织成像，例如对脑组织中的钙离子进行功能成像。

普通的光学显微成像一直受限于光学衍射极限（约 200nm），不能看到更精细的细胞结构。幸运的是，超分辨光学显微成像的诞生打破了这个限制，将光学显微成像的分辨率提高到了纳米级别，极大地推动了光学显微成像在多领域的进展，其发明者因此获得了 2014 年的诺贝尔奖。主流的超分辨成像手段包括单分子定位成像、受激发射损耗显微成像和结构光照明显微成像等。单分子定位成像通常用于记录多帧被随机激活的荧光分子，并对稀疏发光分子进行定位，通过多帧累积形成相应的细胞结构图像。受激发射损耗显微成像使用一束激光激发样品，形成一个圆形的高发光区域，并使用另一束"甜甜圈"状的光束擦除圆形高发光区域的边缘，只留下中心高发光区域，从而形成一个更小的"针尖"，"针尖"对样品进行逐点扫描，得到分辨率更高的图像。结构光照明显微成像使用条纹状的结构光对物体进行照明，使用后期解调算法对拍摄到的多幅具有不同光照明结构的样品图像进行处理，重建一幅超分辨图像。从傅里叶光学角度，可以将结构光照明显微成像的原理理解为使用结构光对代表样品细节的高频空间信息进行加密，使信息隐藏于带有结构光的样品图像中，后期利用算法解调出这些高频空间信息，并在图像的傅里叶域将这些高频空间信息重新组合，然后使用傅里叶逆变换将这些信息转换为常见的空间图像。现阶段，各种各样的超分辨成像手段层出不穷，在各领域的应用也如火如荼地展开，将人们的视野拓宽到了一个全新水平，也是当今的研究趋势之一。

超分辨光学显微成像是一种观察具有亚细胞尺度的生物组织样品的活动及形态的光学显微成像技术。普通光学显微成像技术的分辨率只能到约200nm，而超分辨技术一般可以实现 20 ～ 50nm 的分辨率。但是由于穿透深度的局限，大多数超分辨技术仅限于单细胞成像，并不能很好地用于深层生物组织样品成像，如类器官（由干细胞生成的"迷你器官"）。我们针对深层生物组织的吸收问题，运用上转换颗粒双光子能级的近红外饱和光学响应性质、结合 01 模式的拉格朗日－高斯光线开发了激发和发射均为近红外光的单入射光超分辨技术，首次在 $93\mu m$ 厚的生物组织切片下实现了约 50nm 的成像分辨率[7]。还将入射光线调制为一阶贝塞尔光线，解决了生物组织的散射问题，实现了在类器官内 $50\mu m$ 厚的生物组织切片下的单纳米颗粒成像，分辨率达到了 100nm。我们利用稀土离子的多能级非线性差异响应，将不同频率的空间信息分散至各能级发射波长对应的图像通道上，再将不同图像通道中的图像在傅里叶平面进行剪裁、拼接，进一步提高成像质量和分辨率。还利用纳米颗粒的高斜率系数实现了高质量的二阶非线性结构光照明显微成像[8]。

基于较高的空间分辨能力和多样化的测量能力，单纳米颗粒传感一直是生物光子学的研究热点。如何提高测量的空间分辨率以及增加测量模态是现阶段的发展方向。我们开发了一系列针对单纳米颗粒的光学表征方法和系统，并使用该系统研究了稀土离子掺杂纳米荧光探针的淬灭机理和内部缺陷，极大程度地提高了发光效率，研究了壳层厚度对探针内部能量传输的影响，并通过分析半导体材料的能级动态数理方程，开发出一种纯光学方法，以高于 300nm 的分辨率快速、准确地表征半导体纳米线的掺杂以及内量子效率。此外，还利用单纳米颗粒发射光子数的定量表征结果，实现了宽场下的单纳米颗粒识别以及三维定位；利用不同激发条件下不同稀土离子浓度颗粒的差异响应，实现了细胞内的单纳米颗粒识别和五维（即三维空间、颜色和激发功率维度）追踪；通过将纳米颗粒放置于镜面之上，纳米颗粒自身的荧光以及反射的荧光将形成纳米光源荧光自干涉；通过干涉相位变化实验，以及建立不同方向偶极子自干涉现象的理论模型，详细研究了荧光自干涉所导致的纳米光源点扩散函数的变化。我们基于单纳米颗粒示踪技术，将点扩散函数的变化量化为轴向位置变化，开发了自干涉轴向位置传感技术，实现了宽场下的 50Hz 频率成像，最高分辨率小于 1nm。

在显微成像领域，还有一类重要的研究工具——电子显微镜，例如透射电子显微镜和扫描电子显微镜。由于电子束的波长非常小，电子显微镜的分辨率非常高，可以达到 0.1nm 或更高。由于不能实现选择性标记成像和活细胞成像，电子显微镜还不能代替光学显微镜，其主要用来研究生物或无机样品的静态纳米结构。值得一提的是，电子显微镜的分辨率也是有限的。与此相关的一个概念是物质波或者德布罗意波，是指物质（例如电子等微观粒子）具有像光一样的波粒二象性，也会发生衍射等现象。

光学领域还有一类有趣的技术是全息显示与成像技术（简称全息技术），它可以记录全方位的光学信息，包括光的振幅和相位信息，在光的照射下可以完美再现三维物体。全息技术通常使用一束光照射物体，并将反射光束和另一束不经过物体的参考光束记录下来，从而得到全息图。全息图在激光的照射下，会呈现出立体感很强的三维物体。目前，全息技术已被广泛应用于图像显示、数据存储、安全防伪等领域，也在汽车、动漫或艺术品展示等领域用于裸眼 3D 展示等。

随着近年来计算机算力的提高，未来成像技术的一大发展趋势是计算光学成像技术，它可以通过深度挖掘光场信息来有针对性地提高成像质量、简化系统、突破硬件物理限制等，如基于深度学习算法实现超分辨成像、基于散射介质的加密将单帧二维图像恢复为三维图像或多光谱图像。我们开展了一系列面向多光谱成像和散射介质成像的计算光学成像技术的研究，如照明图案可以自动进化为物体图像的单像素成像方案[9]、基于散射介质的单像素多光谱成像和小型化计算光谱仪等。

3. May the force be with you

每当《星球大战》的背景音乐响起时，我们的脑海中都会浮现出绝地武士们的一句话 "May the force be with you(愿原力与你同在)"。原力是每个少年的梦想技能，希望通过它实现隔空取物。其实在现实生活中也存在一种神秘的力量，我们称之为光镊，它利用高强度激光在一点聚焦，从而形成高强度的梯度力（光学势阱）。光镊作为小尺度的"原力"，不仅可以用来隔空抓取微纳粒子，还可以用来在水溶液中拖动单个甚至多个粒子令其移动，或将粒子拼成三维图形。

这些都得益于光的动量特性，早在 17 世纪，天文学家开普勒就对彗星的拖尾现象进行了观察和思考，最终提出了光压的概念。直到 19 世纪，俄国科学家列别捷夫用实验证明了光压的存在。激光的问世又推动了光压的发展，美国科学家阿什金等人利用两束对射的激光在水中束缚住了微米尺度的小球，后来又利用单束高聚焦的激光对微米尺度的小球进行了捕获。这种利用单光束光镊捕获微纳粒子的方式简单又高效，被科学家广泛地应用到物理、材料和生物领域。由于在光镊方面做出的突出贡献，阿什金在 2018 年获得了诺贝尔物理学奖 [10]。

利用单光束光镊捕获小球即微纳粒子的原理如图 5 所示，从图 5(a) 中可以看到当激光穿过透明小球的时候发生了折射，这代表光线 A 和 B 携带的动量发生了改变，所以光线给了小球一个合力 F，通过实验发现这个力的方向始终指向激光的焦点。从图 5 (b) 中可以看到，高聚焦的激光会在焦点周围形成梯度势阱力。所以，小球在水中做无规则运动的同时，光镊会把小球牢牢地束缚在焦点附近，形成光学捕获。

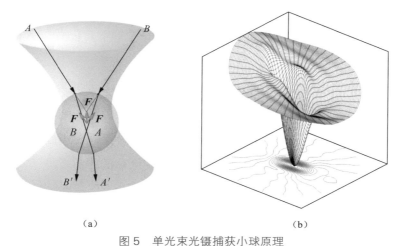

（a）　　　　　　　　　　　　　　　　（b）

图 5　单光束光镊捕获小球原理

（a）激光穿过透明小球的光镊几何模型　（b）光镊的三维势阱示意

利用光镊可以捕获的粒子尺度很广，大到微米级别的玻璃小球，小到几纳米的金属颗粒。利用光镊甚至还可以抓取单个细胞或者蛋白进行力学研究和操控。比如当高强度激光照射在斑马鱼的耳石上面时，可以通过控制激光的开关来控制斑马鱼尾巴的活动。又比如利用光镊透过小动物的皮肤以抓取血管中的血红细胞，这对有关血栓的形成与疏通的研究有着重要作用。

在光镊的单原子捕获中有一个重要应用领域，就是激光冷却。当激光束照射原子时，由于多普勒效应，原子会倾向于吸收与原子运动方向相反的光子。随后，原子会各向同性地将吸收的光子自发辐射出去。这样，激光产生的力的方向与原子的运动方向相反，从而减缓原子的运动速度，即实现了原子冷却。经过科学家数十年的努力，人们制造的最低温度无限接近绝对零度。

光镊的诸多优点使光镊被广泛地用于对单纳米颗粒、生物大分子和单细胞的位置操控、力学分析。纳米颗粒作为光学与力学探针，在材料科学研究与生物应用中有着十分重要的作用。在过去的几十年里，纳米颗粒与光镊在纳米材料、图像追踪、光力测量以及生物应用等领域使用得越来越多。纳米颗粒作为多功能探针，可以在光镊的操控下对任意位置的温度、pH 和光力等特性进行测量。将纳米颗粒与细胞绑定后，可以更方便地利用光镊对细胞周围环境、内部环境以及细胞的力学特性进行探测与研究。随着现阶段对光镊与纳米颗粒探针需求的提升，低折射率纳米颗粒的操控与表征显得尤其重要。虽然低折射率纳米颗粒作为探针对周围温度的影响较小，但是，低折射率纳米颗粒的散射小、极化率低的特性导致其不容易被检测，也不容易被光镊操控。

针对纳米颗粒的力学测量，我们开发了荧光全息光镊技术。此技术在快速操控纳米颗粒三维位置的同时，可以测量光力强度以及纳米颗粒不同位置处的荧光光谱以及强度。应用此技术实现了在单一以及多光学势阱内对单对纳米线平衡位置的测量以及驱动力的优化，研究了单一半导体纳米线的非线性光学性质，并且首次在单一半导体纳米线内同时实现了光学二次谐波与双光子吸收荧光。此外，我们从镧系掺杂纳米材料的光学与力学特性出发，引入了纳米光镊，在纳米材料的力学特性与低折射率纳米颗粒的光捕获等方面开展了深入、系统的研究，首次提出了稀土离子的共振增强纳米颗粒的电磁张量以及光力强度的原理。在离子共振条件下，$NaYF_4$纳米晶体中高掺杂的镧系离子使晶体介电常数有巨大提升，从而极大地提升了光学捕获力，比相同体积的金纳米颗粒的光学捕获力高 30 倍左右。这项研究将纳米颗粒受到的电场力、表面电势力与共振力区分开，还可以通过镧系离子掺杂浓度与纳米颗粒体积控制光力强度。我们提出了"光力染色剂"这一概念，利用纳米颗粒对细胞的外部或者内部染色，使细胞整体或者细胞器在成像的同时实现光力增强。纳米光镊为低折射率纳米颗粒定位检测与长时间稳定光学捕获提供了新思路，同时也为光镊在生物力学检测中的应用开辟了新道路。

从光镊未来发展角度来看，纳米光镊还会应用到生物光力提升、高精度纳米颗粒的三维定位追踪与超高精度力学测量等领域。未来还可以在此基础上开发用于对纳米材料的折射率进行光学控制，或者具有温度感应和温度控制的多模态光学捕获系统。另外，还有一种新型的基于打印芯片的微型光镊，利用芯片可以实现对光场的控制从而实现对微米小球的三维捕获，光信号可以通过芯片将检测信号收集并传输。这为未来微流控与光镊结合打下了坚实的基础。

你是电，你是光，你是唯一的神话

光学是一门古老的科学，看似已经完全"成熟"，直至今日它依旧"孕育"新知识，下面将为大家介绍两个近几十年诞生的光学分支，也是我们非常感兴趣的研究方向。

1. 拓扑光子学

勺子、带把手的茶杯和铅球（见图 6），哪一个与另外两个不同呢？你可能会说是铅球，因为它不能用来喝水，是个运动器材，甚至还可能认为它在质量上远大于前两者。但如果我说铅球和勺子是一类，而茶杯与二者不同，你能了解到其中的玄妙吗？

图 6　拓扑形状分类

　　问题的答案其实源于这个物体有没有孔洞，茶杯的把手有一个孔，自然与没有孔的勺子和铅球不属于一类。这种分类方式其实来自拓扑学——数学的一个分支，研究的是图形（或集合）在连续变形下，其整体性质不变的一门几何学。"孔洞数"在拓扑学里被称为"亏格"（Genus），具有相同孔洞数的物体属于同一个拓扑类，同一个拓扑类的物体可以通过各种拉伸、压缩、揉搓的方式实现连续变化，但拓扑性质不变。如果我们要"打洞"或者"填洞"，拓扑不变性就会被破坏，也就是说发生了拓扑相变。

　　20 世纪 80 年代初，物理学家第一次把宏观观测量——霍尔电导和数学上的拓扑不变量联系起来，给出了量子霍尔效应的拓扑诠释。拓扑学与物理学的相遇为物理学打开了一扇新的窗户。

　　拓扑学与光学的结合也在此时开始，同时这也是学科发展的必然结果。首先，光子具有玻色子性质，这点不同于费米子，所以光子与拓扑相的结合也必将和费米子与拓扑相结合有较大区别。其次，在所有光学器件中，光子都会受到器件几何形状、材料种类以及各种物理过程的影响（损耗），使得存在于器件中的光子数降低。所以，我们必须要引入外部驱动场对系统进行增益，以此来维持器件中的光场强度。在实验中，向系统输入的不同方向的外场驱动光，代表了拓扑态的不同性质。

　　目前，拓扑光子学的研究主要集中于对体边对应关系与边缘波导的拓扑保护两个方面。

　　前者将两个具有不同拓扑不变量的反射镜连接在一起。这里强调一点，反射镜之所以可以反射光，是因为反射镜不吸收同频率的光，所以反射镜会有自己的能带与带隙。具有不同拓扑不变量的反射镜不可以直接相连这一点与具有相同拓扑不变量的反射镜能直接相连不同，在二者相连的界面上，必定会发生拓扑相变。这就需要缩小频率间隙，中和陈数（一种拓扑不变量），然后重新打开间隙。这种相变会导致界面上出现无带隙频率状态。边缘态的无带隙谱受到拓扑保护，这意味着边缘态的存在源于两侧材料拓扑结构的差异。

边缘波导的拓扑保护原理与前者类似，但有较为新奇的结果。普通波导支持双向传输模式，它们会在缺陷处反向散射。相比之下，拓扑保护的无带隙波导的传输是单向的。

总体来说，拓扑光子学能够为光子系统提供独特的、具有鲁棒性的设计和新的器件功能，这是因为一旦物理可观测量可以写成拓扑不变量，它就只会离散地变化，所以，连续的扰动并不会影响整个系统。我们可以通过应用拓扑光子学，实现对因制造缺陷或环境变化引起的性能退化的免疫。

目前，拓扑光子学领域也面临一些挑战，一方面源于集成化拓扑光子器件受制于微纳加工技术以及拓扑结构设计；另一方面源于可调谐性的挑战，这受制于光学材料的特性[11]。同样，在非厄米系统体边对应关系、三维（或更高维度）光子拓扑绝缘体和高阶拓扑绝缘体等方面仍有许多亟待研究的问题。

2. 微纳光子学

前面提到了光学领域的微纳加工技术，这门技术是微纳光子学这门学科的一个重要内容。微纳光子学主要研究的是微纳尺度下光与物质相互作用的规律及这种规律在光的产生、传播、调控、探测和传感等方面的应用。

在微纳光子学领域，有许多新奇的研究成果，下面为大家介绍几个。

"山上桃花红似火，一双蝴蝶又飞来。"我们来思考这样一个问题：桃花是红色的，蝴蝶（翅膀）也有自己的颜色，那么桃花与蝴蝶的颜色形成的机理是一样的吗？

花色的形成源于花内部的色素，不同花反射光的波长不同，从而呈现不同的颜色。蝴蝶翅膀颜色的成因与之天差地别——蝴蝶的翅膀具有周期性排列的微观结构，其与光的相互作用使得蝴蝶翅膀呈现丰富色彩。这种微观结构的尺寸与光的波长相近，是天然的"光子晶体"。

光子晶体（见图 7）指的是由不同折射率的介质周期性排列形成的人

工微结构。我们可以利用它增强人们对光子的控制能力。可以想象，如果我们让一束光沿预定的方向在光子芯片上传输、调制，这对光传输、光计算等领域来说意义非凡[12]。

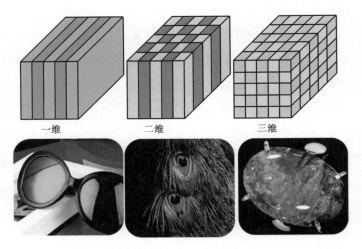

图 7　生活中的光子晶体

超表面是一种更广义的光子晶体。它是由小厚度的人工亚波长元件制成的，可以提供强大的操纵电磁波的能力，在生物领域有着较为重要的应用。超表面可以大大提高生物分子检测的灵敏度，用来区分手性生物分子，并实现高分辨率生物成像。除此之外，它还可以用来处理、优化和编码信息，执行数学计算和图像处理。

结语

好了，关于我们的老朋友——光，我们就介绍到这里了。相信大家现在对于光有了一个全新的认识。然而，光学的发展并没有结束，这只是一个开始，正如物理学家费曼说的 "There's plenty of room at the bottom"，光学有着极为广阔的发展天地，每一次光学技术的革新和光学材料的创新都能带来新的机遇。随着纳米探针和成像技术的发展，超分辨光学显微成像必将实现新的突破，形貌、温度、磁场等都可以在纳米尺度下被观测，在生物体内直接进行超分辨光学显微成像也成为可能。这些都将帮助我们了解生命的本源是什么。光子学领域的超高灵敏感光与感磁探针在未来有可能被开发并植入视网膜，我们可以直接观测红外光与磁场。随着光镊技术的发展，具有检测水溶液中单分子等级作用力的技术将被开发，生物体内极弱力的触发反应可以直接可视化。基于超表面原理设计的消色差多模态透镜将完全融入生活，可以充当手机中的眼睛。光子晶体与拓扑学的发展实现了更大范围的低阈值激光阵列的制备，可以用于成像和检测……光学未来的技术发展方向实在是太丰富了。

参考文献

[1]　曾谨言. 量子力学教程[M]. 3版. 北京:科学出版社, 2014.

[2]　LI Z, LI X, ZHONG X. Strong photon blockade in an all-fiber emitter-cavity quantum electrodynamics system[J]. Physical Review A, 2021, 103(4): 043724.

[3]　LUO X, YU Y, LIU J, et al. Postselected entanglement between two atomic ensembles separated by 12.5 km[J]. Physical Review Letters, 2022, 129(5): 050503.

[4]　ZHONG X, CHERVY T, ZHANG L, et al. Energy transfer between spatially separated entangled molecules[J]. Angewandte Chemie-International Edition, 2017, 129(31): 9162-9166.

[5]　HAAS H, YIN L, WANG Y, et al. What is LiFi?[J]. Journal of Lightwave Technology, 2015, 34(6): 1533-1544.

[6]　STOKER J, BROCK J, SOULARD C, et al. USGS lidar science strategy: mapping the technology to the science[M]. Reston: US Geological Survey, 2015.

[7]   CHEN C, WANG F, WEN S, et al. Multi-photon near-infrared emission saturation nanoscopy using upconversion nanoparticles[J]. Nature Communications, 2018, 9(1): 3290.

[8]   LIU B, CHEN C, DI X, et al. Upconversion nonlinear structured illumination microscopy[J]. Nano Letters, 2020, 20(7): 4775-4781.

[9]   LIU B, WANG F, CHENC, et al. Self-evolving ghost imaging[J]. Optica, 2021, 8(10): 1340-1349.

[10] ASHKIN A. Acceleration and trapping of particles by radiation pressure[J]. Physical Review Letters, 1970, 24(4): 156-159.

[11] OZAWA T, PRICE H M, AMO A, et al. Topological photonics[J]. Reviews of Modern Physics, 2019, 91(1): 015006.

[12] CAI Z, LI Z, RAVAINE S, et al. From colloidal particles to photonic crystals: advances in self-assembly and their emerging applications[J]. Chemical Society Reviews, 2021, 50(10): 5898-5951.

王帆，北京航空航天大学物理学院教授、博士生导师，主要从事生物光子学、纳米光子学、超分辨光学显微成像和光镊的研究。共发表 SCI 论文 92 篇，其中以第一作者或通信作者身份发表论文 19 篇，论文发表在 *Nature Nanotechnology*、*Nature Communications*、*Light : Science & Applications*、*Optica*、*Nano Letters* 和 *Advanced Materials* 等期刊。特邀参加国际光学工程学会以及美国光学学会等国际会议 20 余次。任中国光学学会生物医学光子学专业委员会青年委员，*APL Photonics* 青年编委，*Journal of Modern Optics* 编委，《中国激光》《中国稀土学报》青年编委，*Frontiers in Chemistry* 副编委。曾获澳大利亚优秀青年基金（DECRA）、澳大利亚 David Syme 研究奖及 iCANX 青年科学家奖。

钟晓岚，北京航空航天大学物理学院教授、博士生导师，主要从事微纳光子学传感、成像及能源存储新技术的研究。主持国家自然科学基金项目 2 项、北京市自然科学基金项目 1 项、北京航空航天大学校级项目 3 项。在 *Nature Nanotechnology*、*Nature Photonics*、*Angewandte Chemie-International Edition* 和 *Light: Science & Applications* 等期刊发表 SCI 论文 80 余篇。特邀参加国际光学工程学会等国内外学术会议 15 次。研究成果应邀写入"光物理研究前沿系列"丛书中的《纳米光子学研究前沿》。任中国感光学会青年理事、《无机材料学报》青年编委。获北京高校第十二届青年教师教学基本功比赛理科组二等奖，中国感光学会科学技术奖二等奖。

原子与电子的有序凝聚：
璀璨的晶体

北京航空航天大学物理学院

孙　莹　郝维昌

凝聚态物质是指由大量粒子组成，并且粒子间有很强的相互作用的物质。自然界中存在各种各样的凝聚态（例如固态、液态、气态等）物质。下面将探讨常见的固态凝聚态物质。组成物质的原子、离子或基团被称为结构基元，依据结构基元是否有序排列，固态凝聚态物质可分为晶体、准晶体和非晶体。凝聚态物质的性质与其内部有序程度紧密相关。晶体具有长程有序和平移对称性的结构特征，因此呈现规则的多面体外形。自然界中的矿物绝大部分是晶体，如方解石、石英、萤石等（见图1）。随着现代科学技术的发展，科研人员在实验室模拟天然晶体形成条件，合成了大量人工晶体，如激光晶体、半导体晶体、压电晶体等。晶体可分为单晶和多晶。单晶是指晶体内部结构基元在三维方向上长程有序排列，整个晶格是连续的，具有完整晶体外形。多晶是由成千上万的晶粒（小单晶）构成，是多种取向晶粒的集合。准晶体的结构特征是长程有序但不具有平移对称性，介于周期结构和无序结构之间，首次在铝锰合金（AlMn）中被发现[1]。非晶体是指结构基元长程无序排列，常见的有玻璃、橡胶、沥青、石蜡等。

方解石

石英

萤石

图 1　天然矿物晶体

晶体结构

1669 年，丹麦学者斯泰诺基于对天然晶体外形的研究，提出面角守恒定律。通过对晶面间角度的精确测量和投影，晶体的固有对称性被揭示，面角守恒定律为几何晶体学的建立与发展奠定了理论基础。

晶体结构的基本特征是结构基元在空间的周期性排列。为了描述晶体结构，可以将结构基元抽象为一个点，称为阵点，阵点在三维空间中周期性排列形成空间点阵。将阵点用假想的线连接起来构成的空间格子称为晶格（见图 2）。由于晶体中原子的排列是有规律的，晶格中能够反映晶体结构特征的最小重复单元被称作晶胞。晶胞的形状和大小可以用 6 个参数表示，分别为棱长 a_1、a_2、a_3 和棱间的夹角 α、β、γ，称其为晶胞参数。

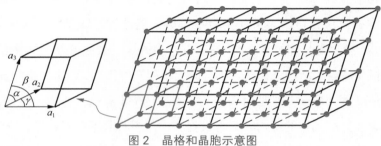

图 2　晶格和晶胞示意图

晶体具有对称性，即晶体经过某种变换后保持不变。使晶体复原的操作包括旋转、反映、反演、平移以及这些操作的某些组合。对称操作中所借助的对称元素包括旋转对称轴（包括一、二、三、四、六次旋转对称轴）、对称面和对称中心等（见图 3），这些被称作宏观对称操作。依照对称性的高低，晶体被分为七大晶系：立方晶系、四方晶系、正交晶系、三角晶系、六角晶系、单斜晶系和三斜晶系[2]。不同的晶系具有相应的晶胞参数特征，如表 1 所示。

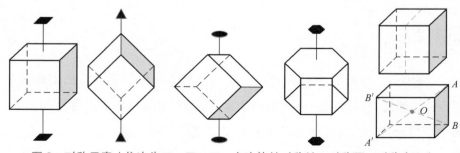

图 3　对称元素（依次为二、三、四、六次旋转对称轴，对称面，对称中心）

表 1 各晶系的定义、晶胞参数特征及典型晶体举例

晶系	定义	晶胞参数特征	典型晶体举例
立方晶系	在立方晶胞 4 个方向的体对角线上均有三次旋转对称轴	$a_1=a_2=a_3$, $\alpha=\beta=\gamma=90°$	氟化钡（闪烁晶体）
四方晶系	有 1 个四次旋转对称轴	$a_1=a_2\neq a_3$, $\alpha=\beta=\gamma=90°$	硒化银镓（非线性光学晶体）
正交晶系	有 3 个互相垂直的二次旋转对称轴或 2 个互相垂直的对称面	$a_1\neq a_2\neq a_3$, $\alpha=\beta=\gamma=90°$	三硼酸锂（非线性光学晶体）
三角晶系	有 1 个三次旋转对称轴	$a_1=a_2=a_3$, $\alpha=\beta=\gamma\neq 90° <120°$	钽酸锂（铁电晶体）
六角晶系	有 1 个六次旋转对称轴	$a_1=a_2\neq a_3$, $\alpha=\beta=90°$, $\gamma=120°$	氮化镓（半导体晶体）
单斜晶系	有 1 个二次旋转对称轴或 1 个对称面	$a_1\neq a_2\neq a_3$, $\alpha=\gamma=90°$, $\beta\neq 90°$	硼酸氧钙钇（非线性光学晶体）
三斜晶系	没有对称元素	$a_1\neq a_2\neq a_3$, $\alpha\neq\beta\neq\gamma\neq 90°$	胆矾

　　利用群论可以研究晶体的对称性。国际上一般用 3 个取向上的对称元素表示点群，共有 32 种点群。晶体中可能存在的对称操作和对称元素与一般对称图形的不同，它们要满足晶体内结构基元是"周期性排列的"这

个基本规律，即受平移特性的制约。包括平移操作在内的对称操作称为微观对称操作，包括平移、旋转 - 平移和反映 - 平移 3 种，对应的对称元素为平移轴、螺旋轴和滑动面。晶体所具有的全部对称元素（宏观与微观）构成晶体的空间群，空间群是分布在空间的对称元素群，总共有 230 种，它反映了晶体结构中原子的分布规律 [2]。

晶体性质

晶体内结构基元在三维方向有序排列，导致晶体具有与非晶体不同的宏观性质。在适当的条件下，晶体可以自发地形成规则凸多面体。晶体的多面体形态是其结构在宏观外形上的直接反映，反映了晶体结构的对称性。通常情况下，晶体具有解理性，当晶体受到外界定向的机械力作用时，常沿着某些特定方向的晶面裂开，裂开的晶面称为解理面，显露在晶体外表的晶面通常是解理面。

从宏观属性来看，晶体是均匀的、各向异性的、对称的。对称性是晶体最基本的性质，包括平移对称性、旋转对称性和镜面对称性等。因受到空间点阵周期性排列的制约，晶体中只可能有一次、二次、三次、四次和六次旋转对称轴。对称性分析是研究物质结构的重要方法。物质结构的对称性会影响力、热、光、电、磁等方面的性能。由于结构基元呈现周期性排列，晶体内的任何一部分在结构上都是相同的，因此由结构决定的晶体中各个部分的物理性质与化学性质是相同的，这体现了晶体的均匀性。各向异性是指晶体的位向依赖性。对于单晶材料，结构基元在不同方向的排列不同，因此具有不同的性质，如光学旋光性、磁学各向异性等。但是，由于多晶是由众多不同取向的小晶粒组成的，因此多晶并不具有单晶所具有的各向异性 [3]。

晶体具有固定的熔点，在熔化过程中温度保持不变，直到全部熔化后，温度才继续升高。这是由于晶体在熔化过程中，晶体中的长程有序解体时对应一定的熔点，即长程有序决定了晶体具有固定的熔点。在相同热力学条件下，晶体与同组分的非晶体以及液态、气态物质等相比，内能最小，这是因为由其他物态转变为晶体时都需要放出能量。正因如此，在相同热力学条件下，晶体相比同组分的非晶体会更稳定。

晶体衍射

从外观上很难区分晶体、非晶体与准晶体，一般可通过衍射法鉴定。晶体结构的实验研究始于 1912 年劳厄等人开展的关于晶体 X 射线衍射的工作。国际晶体学联合会把晶体定义为"能给出分离衍射峰的固体"。现代晶体衍射实验所使用的辐射源包括 X 射线、电子束和中子束。实验所使用的衍射束波长与晶格内原子间距的数量级相近，保证了衍射现象的产生。X 射线衍射仪的真空管阴极发射的电子被加速后打在阳极金属靶上，产生 X 射线。此外，还可以利用同步辐射光源开展相关实验，这是一种利用相对论电子（或正电子）在磁场中偏转产生同步辐射的高性能新型强光源，具有强度高、方向性好、偏振性好、稳定性好、波谱宽等优点。在电子衍射实验中依靠电子枪和电磁透镜来实现高能量密度电子束的产生、加速及会聚。为了获得高亮度且相干性好的光源，电子枪由早期的发夹式钨灯丝发展到 LaB_6 单晶灯丝以及场发射电子枪。中子衍射需要较强的中子源，包括反应堆中子源和散裂中子源等。反应堆中子源利用 235U 或 239Pu 作为核燃料发生裂变反应产生大量中子。散裂中子源利用高能质子束轰击某些重金属发生蜕变反应，从而喷发大量中子。

我们以 X 射线衍射为例，进一步说明晶体衍射的原理。当将 X 射线射入一固态凝聚态物质时，物质中的电子云将与入射波发生相互作用，入射波发生散射。如果在一个方向上传播的两个波的相位相同，两个波的振幅将增大，形成振幅加倍的波；如果相位相反，两个波的振幅将相互抵消。英国物理学家布拉格提出把晶体点阵结构看成一组相互平行且等间距的原子平面。如图 4 所示，如果衍射光束服从反射定律，晶面所反射的 X 射线光程差是波长的整数倍时，干涉加强，出现衍射现象 [2]，由此推导出了著名的布拉格方程。

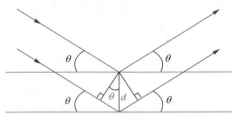

图 4   X 射线衍射光路示意图

采用不同辐射源的衍射方法均是以布拉格方程作为理论基础，衍射理论是相同的。由于操作简单、成本低、分辨率高，经常使用的是 X 射线衍射，电子或中子衍射在特定情况下具有独特的优势。电子衍射的优势在于能在同一试样上将形貌观察与结构分析结合，然而，电子散射强度高导致其透射能力有限，因此要求试样要薄，这使得试样制备比较复杂。由于中子具有磁矩，当中子入射到铁磁或反铁磁材料中时，中子与晶体中原子磁矩相互作用产生磁散射，从而可以提供物质磁结构信息 [2]。此外，相比前两者，利用中子衍射可以确定晶体中轻元素的位置、区分原子序数相近的元素和同位素等。

晶体生长

近年来，众多领域的发展都依赖于晶体（下面所提晶体特指单晶）的制备与研究。制备高质量、大尺寸、低成本的晶体是晶体得以大规模应用的前提。此外，在凝聚态物理等领域，大尺寸晶体是物性测量与研究的理想样品。例如在超导领域，高质量的晶体样品是研究超导电性、超导机理的基础和前提。此外，理论预言的一些物性需要实验上制备大尺寸的晶体才能被验证。例如，德国科学家在 1929 年预言外尔费米子的存在。外尔费米子对拓扑电子学和量子计算机等技术的突破具有重要意义。中国科学院物理研究所团队成功制备 TaAs 大块晶体，首次在实验中发现了外尔费米子[4]。上述研究表明大尺寸晶体样品的获得在前沿研究中起到了至关重要的作用。因此，发展优质晶体生长技术具有重要价值。

晶体生长的历史可以追溯到古代，即人类从海水中获取食盐晶体的时期，再如我国古代的"炼丹术"中关于利用水银和硫生成硫化汞（HgS）晶体。晶体生长主要包含以下几个过程：生长基元的形成、生长基元在介质中的输运、生长基元在晶体表面的运动与结合以及生长界面的推移。然而，有的晶体不是一致熔融化合物，有的晶体是低温相，有的晶体具有很高的平衡蒸气压，甚至在熔化之前就已分解。这限制了晶体生长技术的快速发展。基于生长介质的不同，晶体生长方法可以划分为溶液法、助熔剂法、水热法、熔体法和气相法[5]。

溶液法是指将溶质溶解在溶剂中，通过某种方式使溶液处于过饱和状态，从而析出晶体。助熔剂法又称为高温溶液法，是高温下利用熔融盐溶剂生长晶体的方法。熔融盐溶剂可以使溶质相在远低于其熔点的温度下生长。这两种生长晶体的方法又可分为缓冷法、溶剂蒸发法、温度梯度法和化学反应法等。水热法是指在一定的温度和压力条件下，在密闭的容器内，以水作为溶剂，粉体经溶解和再结晶的晶体生长方法。熔体法是指将结晶物质加热到熔点以上熔化，然后在一定温度梯度下进行冷却，用各种方式使固液界面缓慢移动，熔体逐渐凝固生成晶体。熔体法根据具体工艺的差别又可以分为提拉法、坩埚移动法、热交换法、冷坩埚法、水平区熔法、浮区法、焰熔法等。气相法是指通过升华、蒸发等方式将拟生长的晶体材料变成饱和蒸汽，再经冷凝结晶或者气相间的化学反应获得晶体。这类方法包括物理气相沉积和化学气相沉积。物理气相沉积是指通过物理凝聚的方法将多晶原料经过气化转化为单晶，如升华-凝结法、分子束外延法和阴极溅射法。化学气相沉积是指在晶体生长过程中伴随化学反应，包括化学气相传输法、气相分解法、气相合成法等。

原子与电子的有序凝聚：璀璨的晶体

典型晶体

1. 半导体晶体

半导体晶体是现代信息技术的基石，推动了通信、能源、微电子和光电子等领域的快速发展。半导体材料可分为 3 代，即以锗（Ge）和硅（Si）等元素半导体为代表的第一代半导体材料，以砷化镓（GaAs）和磷化铟（InP）为代表的第二代半导体材料，以氮化镓（GaN）和碳化硅（SiC）为代表的第三代半导体材料。

硅单晶是重要的元素半导体，属于间接带隙半导体。第一代半导体材料是 20 世纪电子工业的基础，促进了微型计算机甚至整个信息产业的快速发展，推动了信息技术革命。随着以光通信为基础的信息化的发展，以砷化镓、磷化铟为代表的第二代半导体材料逐渐显示出优越性，在无线通信、红光发光二极管（Light Emitting Diode，LED）方面有重要的应用。采用砷化镓和磷化铟的半导体激光器逐渐成为光通信系统中的关键器件，同时，砷化镓高速器件的研制也推动了光纤和移动通信产业的发展。第二代半导体材料是 20 世纪光电信息产业的基础。

第三代半导体材料是以氮化镓和碳化硅为代表的宽带隙半导体材料。第三代半导体材料具有宽带隙、高热导率、强抗辐射能力、高击穿电场、高电子饱和漂移速率、低开关损耗等优异的特性。例如，碳化硅的禁带宽度约为硅的 3 倍，热导率约为硅的 3 倍，临界击穿电场约为硅的 10 倍 [6]。碳化硅基本结构单元为 Si-C 四面体。在 Si-C 四面体中硅原子与碳原子以 sp3 共价键的形式相连。如图 5 所示，硅原子和碳原子组成的双原子团按不同的方式排列构成各种密堆积结构，分别是闪锌矿结构、纤锌矿结构和菱形结构 [7]。图 6 所示为北京天科合达半导体股份有限公司生产的碳化硅晶片（纤锌矿结构）。第三代半导体材料在高温、高功率、高压、高频以及强辐射等极端工作环境下具有得天独厚的优势，在 5G 通信、新能源汽车、半导体照明、先进雷达、智能电网、高速轨道交通、微电子和光电子等领域发挥了巨大的推动作用。

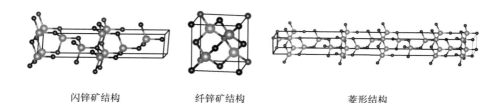

闪锌矿结构　　　　　　纤锌矿结构　　　　　　菱形结构

图 5　碳化硅 3 种不同的晶体结构

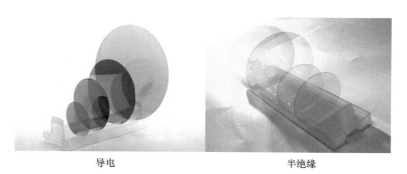

导电　　　　　　　　　　　半绝缘

图 6　北京天科合达半导体股份有限公司生产的碳化硅晶片（纤锌矿结构）

2. 非线性光学晶体

1960 年，梅曼采用脉冲氙灯激发红宝石激光晶体（$Cr^{3+}:Al_2O_3$），产生了第一束激光。1961 年，弗兰肯发现激光通过石英晶体可以发生倍频现象，随后人们还发现激光在通过某些晶体时会发生各种光学变频效应，如倍频、和频、差频与光参量振荡等。通过激光晶体所能获得的激光波长有限，利用非线性光学过程可以得到频率与入射光不同的激光，拓宽激光光源的波长范围，扩大激光器的应用领域。在强激光作用下产生非线性光学效应的晶体为非线性光学晶体。

　　非线性光学晶体作为激光及光电子技术的核心材料，广泛应用于激光存储、激光通信、激光医疗、激光雷达、激光扫描与测距、半导体微加工、光通信、激光加工、全息摄影、激光制导、激光惯性约束核聚变、激光武器等领域。非线性光学晶体根据应用波段不同，可被划分为三大类：紫外 - 深紫外非线性光学晶体、可见 - 近红外非线性光学晶体、红外非线性光学晶体。

　　紫外 - 深紫外非线性光学晶体以硼酸盐为主，如 β -BaB_2O_4（BBO）、LiB_3O_5（LBO）以及 $KBe_2BO_3F_2$（KBBF）等。BBO 晶体是中国科学院福建物质结构研究所于 1979 年研制出的二阶非线性光学晶体，被誉为第一块 "中国牌" 晶体。BBO 晶体具有光学均匀性好、透光波段宽、倍频系数大、激光损伤阈值高以及相位匹配范围宽等优点。LBO 晶体被誉为第二块 "中国牌" 晶体，具有机械加工性能好以及透光波段宽、光学均匀性好、激光损伤阈值高、接收角宽、发散角小、倍频系数相对较大等优点。KBBF 晶体被誉为第三块 "中国牌" 晶体，在国际上首次实现了 Nd^{3+}:YAG 激光器 1064nm 激光的六倍频输出，将全固态激光波长缩短至 200nm 以内，从而制造出各种深紫外固体激光器 [8]。

　　可见 - 近红外非线性光学晶体的种类丰富，典型的晶体包括磷酸盐（如 KH_2PO_4、$NH_4H_2PO_4$、$KTiOPO_4$）、碘酸盐（如 α -$LiIO_3$、KIO_3）、铌酸盐（如 $LiNbO_3$、$KNbO_3$）等。其中，常见的非线性光学晶体 KH_2PO_4 在近红外到紫外区间都有很高的透过率，并可对 1060nm 激光实现二倍频和三倍频甚至是四倍频输出。KH_2PO_4、$NH_4H_2PO_4$ 晶体由于具有明显的尺寸优势，可用于惯性约束核聚变工程 [9]。此外，$LiNbO_3$ 晶体由于具有非线性、光折变效应、压电与热释电等多种性能，被认为是非线性光学的模型晶体，具有重要的商用价值 [10]。

　　红外非线性光学晶体主要包括第 V 和 VI 主族的三元化合物，包括

$AgGaS_2$、$AgGaSe_2$、$BaGa_4S_7$、$BaGa_4Se_7$、$LiInSe_2$、$CdSiP_2$、$ZnGeP_2$ 等硫族、磷族的半导体晶体 [11]。作为激光器频率转换的核心器件，红外非线性光学晶体可以利用相位匹配技术输出可调谐 3μm 以上的激光。3 ～ 12μm 中红外波段的激光处于大气传输窗口，在激光成像、环境监测、激光雷达、激光医疗、激光制导、红外对抗、光通信、遥感探测及基础光源等领域有不可或缺的作用 [12]。

3. 闪烁晶体

闪烁晶体是指在高能粒子或射线的撞击下，能将高能粒子或射线的动能转变为光能，从而发出闪光的晶体，其被比作能看得见高能粒子或射线的眼睛。探测过程为：辐射源产生的 X 射线或 γ 射线入射闪烁晶体，射线被闪烁晶体吸收产生闪烁，然后由光探测器将光信号转变为电信号，再对电信号进行采集、存储和显示，从而实现对这些高能射线的能量、动量等物理参数的精准测量。

闪烁晶体通常可分为两大类。一类是氧化物闪烁晶体，包括锗酸铋、硅酸铋、钨酸铅、钇铝石榴石、掺铈钆镓铝石榴石、稀土正硅酸盐。氧化物闪烁晶体具有密度高、衰减时间短和性能稳定等特点。图 7 给出了硅酸铋（$Bi_4Si_3O_{12}$）闪烁晶体结构。硅酸铋晶体是一种天然矿物晶体，属于立方晶系，晶胞由 SiO_4 四面体和 Bi 原子组成，Bi 位于 6 个 SiO_4 四面体的间隙中 [13]。另一类是卤化物闪烁晶体，包括掺铊碘化钠（NaI:Tl）、掺铊碘化铯（CsI:Tl）、掺铈溴化镧（$LaBr_3$:Ce）和氟化钡（BaF_2）等，这些晶体大都具有禁带宽度小、光输出高、能量分辨率高、衰减时间短等特点 [14]。近些年，我国学者在有机闪烁晶体方面的研究取得突破，西北工业大学和南京工业大学的团队通过分子设计实现了有机材料在 X 射线激发下的高效辐射发光 [15]。作为闪烁晶体材料的新成员，有机闪烁晶体在柔性电子等领域具有广阔的应用前景。

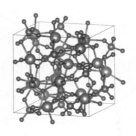

图 7 硅酸铋闪烁晶体结构

闪烁晶体是核辐射探测、计量与成像技术的核心功能元件（见图 8），在高能物理、核物理、安全检查、医学成像、无损探伤、空间物理、石油勘探、工业电离辐射检测、环境监测等领域具有广泛应用。例如，机场、地铁等场所的安检人员利用闪烁晶体对穿透行李的 X 射线进行探测，从而查验违禁物品。在医疗检查中，利用闪烁晶体探测注入人体内的放射性示踪剂产生的 γ 射线，获取人体的功能和代谢显像，可诊断人体各器官的病变情况、肿瘤组织的大小和位置，用于肿瘤的早期诊断和治疗。在石

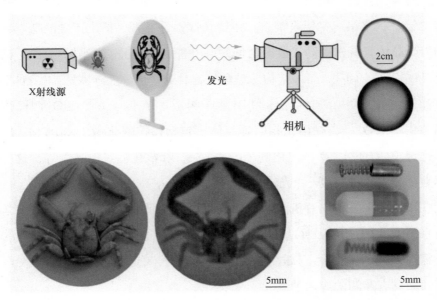

图 8　闪烁晶体应用 [15]

油勘探中，利用闪烁晶体可探测地层放射性物质的含量、种类、分布等数据，这些数据可用于判断地层油气含量和位置。

4. 超硬晶体

超硬晶体是指硬度非常高的晶体，包括天然晶体和人造晶体两种。金刚石是由单一碳元素构成的天然晶体材料，晶体结构为面心立方（见图 9）。金刚石经过精心打磨后成为我们熟悉的钻石。此外，人们通过人工合成获得一系列超硬晶体，包括聚晶金刚石、化学气相沉积金刚石、立方氮化硼等。

金刚石有最高（已知材料中最高）的硬度（莫氏硬度为 10）和较大的弹性模量（杨氏模量可达 $1.05 \times 10^{12}\,Pa$），具有较大的抗压强度（可达 8600MPa）、极高的耐磨性和较好的化学惰性等。金刚石的热导率在所有已知材料中也位居前列，高达 $2000W/(m \cdot K)$，约为铜的 5 倍。金刚石在可见光到红外波段具有高透过率，拥有较大的禁带宽度，也是第三代宽禁带半导体的代表材料。基于上述诸多优异特性，金刚石已逐渐成为超精密加工、高频通信、航空航天等高端技术领域中不可或缺的材料[16]。

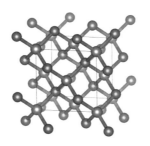

图 9　金刚石晶体结构

此外，为了解决金刚石在工业应用中与铁发生反应的问题，科学家通过人工合成获得了硬度仅次于金刚石的立方氮化硼。立方氮化硼是Ⅲ - Ⅴ族二元化合物的典型代表，具有闪锌矿结构，与金刚石的结构相同，晶体结构中硼原子和氮原子以共价键连接[17]。立方氮化硼作为一种超硬晶体，还具有耐高温、耐氧化、耐腐蚀、低介电常数、高热导率、高击穿场强、

原子与电子的有序凝聚：璀璨的晶体

高电子饱和漂移速率、能够发射和探测深紫外光、可通过掺杂得到 N 型或 P 型半导体材料等特性。立方氮化硼具有 6.4eV 的超大禁带宽度。立方氮化硼作为超硬磨料，在多行业的加工领域有广泛的应用；作为极端电子学材料，在大功率半导体和光电子器件等领域也具有潜在的应用价值。

5. 压电晶体

压电效应指晶体受到压缩或拉伸后形变并产生极化，晶体表面出现电荷的现象。当晶体受到电场作用时，它会产生形变，被称为逆压电效应。具有上述效应的晶体被称为压电晶体，如图 10 所示。在压电晶体中，当正、负电荷重心因受压而分离时，会形成电偶极子。这些电偶极子沿特定方向排列，使晶体两端分别带上正、负电荷，进而引发压电效应。因此，晶体没有对称中心是晶体可以产生压电效应的必要条件之一。人们首次在石英晶体中发现了压电效应，随后，钛酸钡（$BaTiO_3$）、钛酸铅（$PbTiO_3$）、锆钛酸铅（$PbZr_xTi_{1-x}O_3$）等压电晶体被相继发现，钛酸钡晶体结构如图 11 所示。近些年，人们还获得了钙钛矿结构的铌酸锂、钨青铜结构的铌酸钡钠以及层状结构的锗酸铋、硅酸铋等一系列压电晶体。此外，以 $Pb(Mg_{1/3}Nb_{2/3})O_3-PbTiO_3(PMN-PT)$ 为代表的复合固溶体单晶因具有优异的压电性能，在新一代高性能压电器件上具有广泛的应用前景[18]。

图 10　压电晶体

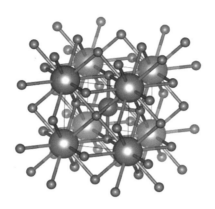

图 11　钛酸钡晶体结构

压电晶体可用于制作谐振器、滤波器、光偏转器、电声换能器、压力传感器、压电高压发生器等。例如，常见的石英晶体谐振器已广泛应用于通信和精密电子设备中。利用逆压电效应可以把电能转换成声能，因此压电晶体可用于制备超声发生器等，广泛应用于海洋探测、固体探伤、安全检查等领域。利用压电晶体可制备实现热 - 电转换的热敏传感器或实现光 - 电转换的光敏传感器等。输入压电元件的电振动能量通过逆压电效应可以转换成机械振动能，此机械振动能还可通过正压电效应转换成电能，从而获得高电压输出，用于引燃装置、红外夜视仪、微型高压电源等。

6. 热电晶体

热电晶体能够将热能与电能相互转换，实现温差发电和热电制冷。热电晶体温差发电模型如图 12 所示。基于热电晶体开发的热电转换器件由于具有系统体积小、易携带、可靠性高、无噪声、不排放污染物质、适用温度范围广等优势，在清洁能源领域具有广阔应用前景，也可用于深空探测、便携式制冷、工业余热发电等重要领域。

热电晶体根据使用温度区间不同可被划分为 3 类：低温（300 ～ 600K）热电晶体、中温（600 ～ 900K）热电晶体和高温（＞ 900K）热电晶体。低温热电晶体典型代表是 Bi$_2$Te$_3$ 基晶体，主要用于热电制冷；中温热电晶体典型代表是 PbTe 基热电晶体，主要用于温差发电；高温热电晶体以 SiGe 基热电晶体为主，主要用于空间站发电。目前，以 Bi$_2$Te$_3$、PbTe 和 SiGe 为代表的 3 种热电晶体在商业领域已得到了广泛使用。然而，开发性能优异、储量丰富且环境友好的理想热电晶体是科学家始终追求的目标。近些年，北京航空航天大学的赵立东教授在硒化锡（SnSe）基热电晶体应用研究方面连续取得多项突破性成果，使得 SnSe 基热电晶体的性能大幅提升 [19]。SnSe 基热电晶体结构如图 13 所示。相比传统热电晶体，SnSe 基热电晶体具备制备成本低、储量丰富和系统体积小等优势，在电子制冷等领域具有很大的应用潜力。

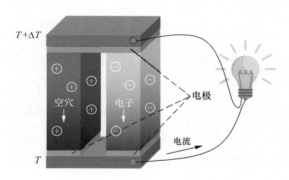

图 12　热电晶体温差发电模型

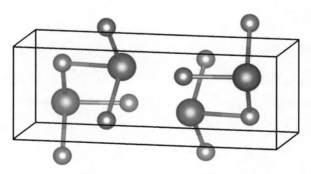

图 13　SnSe 基热电晶体结构

结语

近几十年来，人工晶体研究取得了突飞猛进的发展，具有多种功能的晶体相继被合成并被广泛应用，如半导体晶体、激光晶体、非线性光学晶体、闪烁晶体、压电晶体、磁光晶体、声光晶体、有机晶体等。这些晶体是光、电、磁、力、热等物理性能产生及相互转换的载体，支撑了我国新一代半导体技术、集成电路、激光核聚变技术等的蓬勃发展。

参考文献

[1]   黄昆. 固体物理学[M]. 北京: 高等教育出版社, 1998.

[2]   梁敬魁. 粉末衍射法测定晶体结构[M]. 北京: 科学出版社, 2011.

[3]   伐因斯坦. 现代晶体学1. 晶体学基础: 对称性和晶体学方法[M]. 吴自勤, 孙霞, 译. 北京: 中国科学技术大学出版社, 2011.

[4]   LV B, WENG H, FU B, et al. Experimental discovery of WeyI semimetal TaAs[J]. Physical Review X, 2015, 5(3): 031013.

[5]   张克从, 张乐潓. 晶体生长科学与技术: 上册[M]. 2版. 北京: 科学出版社, 1997.

[6]   王国宾, 李辉, 盛达, 等. 高温溶液法生长SiC单晶的研究进展[J]. 人工晶体学报, 2022, 51(1): 3-20.

[7]   张泽盛. 液相法碳化硅晶体生长及其物性研究[D]. 北京: 中国科学院大学, 2020.

[8]   杨志华, 潘世烈. 新型非线性光学晶体设计及预测研究进展[J]. 人工晶体学报, 2019, 48(7): 1173-1189.

[9]   张力元, 王圣来, 刘慧, 等. 超大尺寸KDP/DKDP晶体研究进展[J]. 人工晶体学报, 2021, 50(4): 724-731.

[10]   孙军, 郝永鑫, 张玲, 等. 铌酸锂晶体及其应用概述[J]. 人工晶体学报,

2020, 49(6): 947-964.

[11] 陈毅, 刘高佑, 王瑞雪, 等. 非线性晶体应用于中长波红外固体激光器的研究进展[J]. 人工晶体学报, 2020, 49(8): 1379-1395.

[12] COLE J. Single-crystal X-ray diffraction studies of photo-induced molecular species[J]. Chemical Society Reviews, 2004, 33(8): 501-513.

[13] 狄聚青, 刘运连, 滕飞, 等. 硅酸盐闪烁晶体研究进展[J]. 人工晶体学报, 2019, 13(1): 75-82.

[14] 李雷, 吴云涛, 任国浩. La(Ce)Br$_3$闪烁晶体的研究历史及存在的问题[J]. 功能材料, 2020, 3(51): 03031-03037.

[15] WANG X, SHI H, MA H, et al. Organic phosphors with bright triplet excitons for efficient X-ray-excited luminescence[J]. Nature Photonics, 2021, 15(3): 187-192.

[16] 李成明, 任飞桐, 邵思武, 等. 化学气相沉积(CVD)金刚石研究现状和发展趋势[J]. 人工晶体学报, 2022, 51(5): 759-780.

[17] 刘彩云, 高伟, 殷红. 立方氮化硼的研究进展[J]. 人工晶体学报, 2022, 51(5): 781-800.

[18] 罗豪甦, 焦杰, 陈瑞, 等. 弛豫铁电单晶的多功能特性及其器件应用[J]. 人工晶体学报, 2021, 50(5): 783-802.

[19] XIAO Y, ZHAO L. Seeking new, highly effective thermoelectrics [J]. Science, 2020, 367(6483): 1196-1197.

孙莹，北京航空航天大学物理学院教授、博士生导师。主要从事磁性功能材料强关联物性研究，包括零膨胀、零电阻温度系数、压磁、压热等。在 *Advanced Materials*、*Chemistry of Materials* 和 *Physical Review B* 等期刊发表论文 70 余篇，论文被 SCI 引用 2000 余次，H 因子 25，已授权国家发明专利 7 项。承担国家自然科学基金、北京市自然科学基金、航空科学基金等多项课题，获 2020 年中国材料研究学会科学技术奖二等奖。

郝维昌，北京航空航天大学物理学院教授、博士生导师。多次与日本东京工业大学、澳大利亚伍伦贡大学开展合作研究。中国物理学会会员，美国物理学会会员，中国核物理学会正电子谱学专业委员会副主任。主要研究方向为氧化物材料电子结构、表面物理、二维材料与器件。 在 *Physical Review Materials*、*Physical Review B*、*Advanced Functional Materials* 和 *Advanced Materials* 等期刊发表论文 140 余篇，论文被 SCI 引用 6000 余次，H 因子 40，已授权国家发明专利 7 项。获 2012 年度教育部自然科学奖二等奖。

揭开神秘宇宙的粒子面纱:
暗物质

北京航空航天大学物理学院

王小平　周小朋

"我是谁，我在哪，我从哪里来？"是宇宙学和粒子物理学探索的核心问题，是对当今宇宙构成和宇宙演化过程的追问。根据观测数据，我们知道宇宙由可见物质、暗物质和暗能量组成。要回答"我从哪里来？"这一问题，需要从粒子宇宙学角度解释宇宙的演化过程，即宇宙暴胀理论。尽管宇宙暴胀理论已经提出了数十年，但暗物质和暗能量相关的问题仍未完全解决。其中，暗物质的粒子属性及其相互作用是宇宙学和粒子物理学共同关注的前沿热点。下面将介绍暗物质研究的现状。

宇宙演化和暴胀理论

基于各种天文观测，我们确定宇宙在不断演化。物理学家为理解这一过程不断努力，目前公认的宇宙暴胀模型是由美国物理学家古斯于 1981 年提出的 [1]。图 1 展示了宇宙演化过程（图 1 给出了各阶段距离宇宙大爆炸的时间和对应的特定宇宙能量）。

大约 137 亿年前，整个宇宙都凝聚在一个极小的点上，该点的能量密度无限大。暴胀开始后，宇宙以极快的速度向外膨胀，这一过程的持续时间极短，仅约 10^{-32}s。在这一短暂而神秘的阶段之后，宇宙进入了经典的暴胀过程。大量的物质和辐射被"再加热"，我们熟悉的物质——原子等粒子以及后来形成的恒星、星系开始填充宇宙。然后，宇宙逐渐降温，小质量的简单粒子开始形成。大约在大爆炸后 38 万年，宇宙温度降至电子和质子能够结合形成氢原子的温度。此时，宇宙辐射不再与背景气体相互作用，温度约为 3000K。随着宇宙继续膨胀，背景温度逐渐降低，直到今天的约 3K。今天我们观测到的宇宙微波背景辐射（Cosmic Microwave Background Radiation，CMBR）光子正是来自大爆炸后 10 万年的光子，实际上它们已经向我们移动了约 130 亿光年。

随着温度降低和原子核的形成，一些核子开始合成较轻的元素，较重的元素则在恒星内部或其他剧烈的星体活动中产生，并在超新星爆炸中广

宇宙标准模型——宇宙演化和暴胀理论

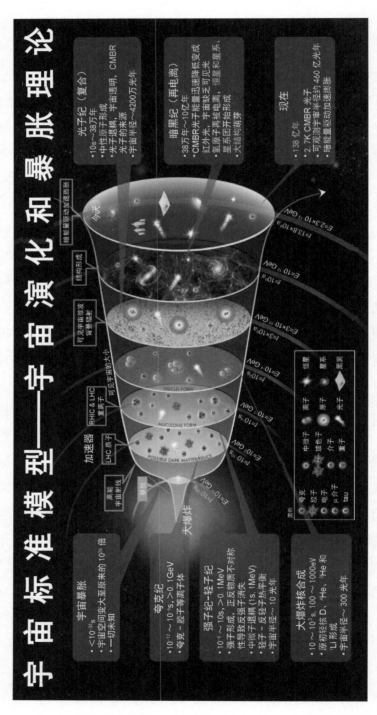

图 1　宇宙演化过程

泛传播。因此，在 CMBR 出现之后，即宇宙由物质主导的时期，大质量粒子间的引力相互作用占主导地位，任何小的扰动都会导致宇宙能量增加，即我们所知的"坍塌"效应。于是，大约在大爆炸后 10 亿年，大尺度结构如恒星、星系和星系团开始形成。在众多星系中，我们所处的银河系由约 2000 亿颗恒星组成，太阳就是其中之一。

宇宙暴胀理论的标准模型称为 ΛCDM 模型[2]，其中，Λ 代表暗能量，CDM 代表冷暗物质。该模型通过 6 个自由参数成功解释了 CMBR 的结构、星系的大尺度结构形成，以及观测到的 H、D、He 等元素的丰度，还能解释宇宙膨胀的加速度。然而，该模型在小尺度上存在一些问题[3]。

第一，锐核 - 平核问题。模拟显示暗物质晕应在星系中心呈尖峰形态，但观测结果表明大多数星系中心的暗物质分布平坦。这种问题在小尺度星系中尤为严重。

第二，丢失的卫星问题。模型预测大质量星系周围应有许多小尺度卫星星系，但观测到的星系数量远少于预期，如银河系的卫星星系仅几十个，而模拟预测结果为数百个。

第三，过于庞大以至失败问题。模型预测大质量星系周围应该存在许多小尺度的暗物质晕，其中一些足够大和密集，能够形成明亮的卫星星系。然而，实际观测结果显示，大尺度暗物质晕中的明亮卫星星系数量远少于模型的预期数量。

因此，简单的冷暗物质理论无法完全解释天文观测结果，构建一个能够解释宇宙演化的暗物质理论至关重要。

暗物质的天文观测和宇宙丰度确定

1. 暗物质存在的天文证据

暗物质的存在主要通过天文观测得出。我们希望通过对 CMBR 和大

揭开神秘宇宙的粒子面纱：暗物质

尺度结构的测量，揭示暗物质的粒子性质和相互作用。下面介绍暗物质存在的天文证据及其宇宙丰度计算过程。

星系旋转曲线是研究暗物质的经典证据。根据牛顿定律，星系的旋转速度 $v \propto \sqrt{m/r}$（m 为星系质量，r 为星系中心到观测点的距离）。当 r 大于星系半径时，旋转速度应下降。然而，实际探测发现，星系的旋转速度在可见星系尺度之外趋于平缓，而非下降。这表明在超出星系尺度的区域存在不可见物质，即暗物质。

在星系团尺度上，通过引力透镜（基于引力相互作用）和 X 射线（基于电磁相互作用）两种方法测定星系团的质量中心。在某些情况下，这两种方法得到的质量中心并不相同，如图 2 所示的子弹星系团。这表明宇宙中存在不参与电磁相互作用但参与引力相互作用的物质，即暗物质。

图 2　子弹星系团中用两种不同方法测出的星系团质量中心

此外，基于 CMBR 和大尺度结构的观测结果也支持暗物质的存在。CMBR 的精确测量结果显示，可见物质仅占宇宙的约 5%，约 27% 是暗物质。大尺度结构的形成也依赖于暗物质的引力相互作用，引力相互作用帮助普通物质聚集形成星系和星系团。

尽管尚未直接探测到暗物质，但这些证据强烈支持其存在，研究暗物质将帮助我们更好地理解宇宙的构成和演化。

2. 暗物质宇宙丰度的测量

宇宙丰度是通过精密观测和计算得出的。2020 年，欧洲空间局的普朗克卫星 [4] 公布了最新分析结果：在整个宇宙中，暗能量约占 69%，暗物质约占 26%，可见物质约占 5%。暗物质宇宙丰度的测定主要通过对 CMBR 的分析实现。CMBR 温度分布大致均匀，约为 2.7K，但存在微小波动，如图 3 所示。这些波动主要源自以下两个效应。

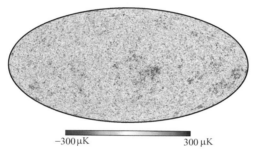

$-300\,\mu K$ $300\,\mu K$

图 3 普朗克卫星观测到的 CMBR 温度波动分布图

第一，萨克斯 - 沃尔夫效应，当光子穿越引力势场时，光子能量会变化。宇宙膨胀期间，密度扰动导致引力势场变化，从而影响光子能量。密度高的区域引力强，光子能量损失大，温度略微下降。

第二，声学振荡，宇宙早期光子和电子形成的等离子体在引力和压力的作用下发生振荡。当宇宙年龄约 38 万年时，宇宙膨胀到足以使电子与质子结合形成中性氢，此时光子退耦。在此之前，光子与电子的散射导致了声学振荡的形成。光子退耦时刻决定了声学振荡的最终形态和频谱特征。

这些效应对 CMBR 温度的影响小于 $1/10^5$，仅靠可见物质和光子无法解释普朗克卫星观测的 CMBR 温度分布，暗示宇宙中存在暗物质。模拟不同重子丰度重现 CMBR 能量谱，结果显示暗物质构成宇宙总物质（可见物质＋暗物质）的约 84%。这一比例与普朗克卫星的数据高度相似，进一步验证了暗物质在宇宙组成中的重要地位。

揭开神秘宇宙的粒子面纱：暗物质

暗物质的粒子属性及可能的暗物质候选者

1. 暗物质可能的质量区间

要确定暗物质的粒子属性，需要分析其质量和相互作用强度。暗物质必须构成暗物质晕以解释观测到的星系旋转曲线。暗物质的质量下限可以通过相空间内允许的粒子数来决定，而这个数目由自旋统计确定。

暗物质的质量上限来自天文观测对大质量紧凑物质的限制。大质量紧凑物质经过发光恒星前会引起引力透镜效应。由于目前没有观测到这类效应，因此可以给出暗物质质量上限——$10^{57} \sim 10^{67}$eV（自然单位制中质量单位为 eV）。

暗物质的质量下限取决于粒子类型。如果暗物质是费米子，根据泡利不相容原理，可以估算出暗物质质量下限为 0.7keV。如果暗物质是特别轻的玻色子，根据玻色统计，相空间内的粒子数不受限制。根据不确定性原理，可以估算出暗物质质量下限为 10^{-21}eV，这种暗物质也称为"模糊"暗物质。

从质量分布角度，我们可以将暗物质按照图 4 进行分类。按照质量区间将暗物质分为极轻暗物质、轻暗物质、弱相互作用大质量粒子（Weakly Interacting Massive Particles，WIMP）、复合暗物质和原初黑洞。其中，最受欢迎的是质量和相互作用强度都与电弱尺度相当的 WIMP。

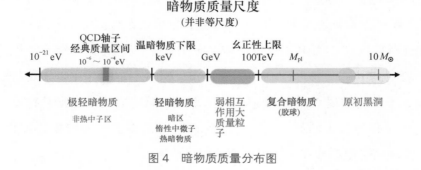

图 4 暗物质质量分布图

2. WIMP 暗物质奇迹及其粒子性质

暗物质 (χ) 所处质量区间和相互作用强度直接影响宇宙丰度。宇宙早期暗物质与标准模型粒子 (SM) 保持热平衡状态（$\chi\chi\leftrightarrow$SMSM）。随着宇宙膨胀，暗物质的密度会减少，反应趋向平衡，最终导致暗物质的密度在某一点 (χ_f) 被冻结。利用玻尔兹曼方程可以计算暗物质湮灭过程随时间的演化，将暗物质的残余丰度 ($\Omega_\chi h^2$) 与暗物质和标准模型粒子的相互作用强度 (α)、暗物质质量（m）的关系表示如下：

$$\Omega_\chi h^2 \sim 0.1 \left(\frac{0.01}{\alpha} \right)^2 \left(\frac{m}{100\,\text{GeV}/c^2} \right)^2 \qquad （1）$$

如果暗物质的质量 (m) 约为 100GeV/c^2（c 为光速，自然单位制中取 1），且其与标准模型粒子的相互作用强度在电弱相互作用能标上近似为 0.01，可以得到普朗克卫星测量的暗物质残余丰度为 0.1。这种在电弱尺度上存在的大质量粒子被称为 WIMP，它解释了暗物质宇宙丰度这一事实，被称为"WIMP 暗物质奇迹"。因此，WIMP 是最自然的暗物质候选者之一。更引人注目的是，GeV 到 TeV 的能标区间恰好是我们熟悉的电弱相互作用能标。

标准模型不包含暗物质，并且这一模型中存在"层次问题"，即弱相互作用尺度与引力尺度之间的显著差距使得希格斯粒子的质量对量子修正极为敏感且不稳定。能够解释"层次问题"并自然地提供暗物质候选者的理论模型是超对称理论。超对称理论自然地给出了 WIMP 暗物质候选者[5]，这些暗物质是规范玻色子的超对称伴子的线性组合。

3. WIMP 暗物质的实验探测

根据 WIMP 的粒子性质，我们可以利用标准模型粒子的性质对暗物质进行探测。暗物质的探测方法主要分为直接探测、间接探测和加速器探测三种方式。

揭开神秘宇宙的粒子面纱：暗物质

（1）直接探测

地球浸没在暗物质中，因此任何时刻都有大量的暗物质穿过地球。WIMP 有一定的概率能与普通物质的电子或原子核发生散射，将动能转移给反冲电子或者原子核。通过捕捉这些极其稀少的反冲事件，就可以获得WIMP 的反应截面、质量及自旋等信息。假设 WIMP 的质量为 100GeV，速度约为光速的千分之一，散射出的原子核动能约为 10keV，电子动能更小。这类实验称为直接探测实验。为了提高实验灵敏度，直接探测器必须满足以下要求。

第一，低放射性。由于事件极为罕见，必须严格控制来自环境或探测器本身的放射性背景，通常在地下实验室进行探测，以屏蔽宇宙射线。

第二，低探测阈值。直接探测实验需要检测非常微弱的信号，因此探测器的能量阈值必须尽可能低。半导体探测器由于具有较低的最小电离能量阈值（可以达到 1keV 以下），在直接探测方面具有优势。

第三，大质量靶与长曝光时间。增加探测器的总质量和运行时间，可以提高捕获暗物质事件的概率。

目前，全球有二十多个团队参与直接探测实验，使用的探测器类型包括稀有气体、半导体、闪烁晶体和气泡室等。这些实验的目标是直接观测到暗物质信号，或至少确定暗物质与普通物质相互作用截面的面积上限。至今还没有实验得到暗物质存在的直接证据，大多给出相互作用截面的面积上限，如图 5 所示。

（2）间接探测

暗物质是否有反物质？暗物质是否可能是自身的反物质？如果这些假设成立，我们可以合理推测暗物质在宇宙中不断湮灭，产生正负电子或夸克等粒子。这为科学家提供了通过观测宇宙射线中的正反物质或特殊粒子结构能谱来研究暗物质的重要途径，称为间接探测。

由于正负电子质量较小，WIMP 湮灭产生正负电子的可能性较高，且电子探测效率也很高。因此，目前实验重点之一是电子能谱测量，尤其是正电子能谱。例如，2008 年，PAMELA 实验 [6] 在正电子能谱中观测到超出理论预期的现象，暗示暗物质可能湮灭。随后，AMS-02 和 DAMPE 等实验也在电子能谱中发现了类似现象。然而，由于关于宇宙中正负电子来源的理论和观测数据不完备，这些观测结果尚不能直接确认暗物质存在。

尽管如此，间接探测实验的结果为直接探测实验或加速器探测实验提供了重要启示。借助持续的实验和理论进展，我们希望逐步揭示暗物质的真实性质和存在形式。

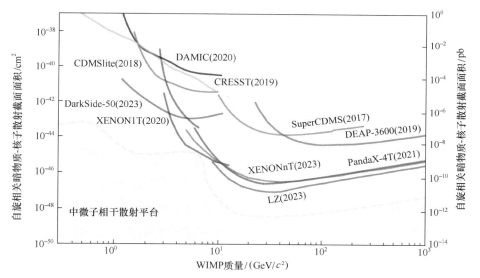

图 5　暗物质与核子散射的截面面积上限，不同颜色的线条代表不同的暗物质直接探测实验给出的上限，蓝色阴影代表地球上的中微子本底在探测器中产生的核反冲信号的区域（pb 为高能物理中常用的面积单位）

（3）加速器探测

加速器作为探索暗物质的工具，主要通过检测标准模型粒子碰撞产生暗物质粒子的事件来研究暗物质。以大型强子对撞机（Large Hadron Collider, LHC）为例，它是目前全球能量最高的对撞机，能够提供高达 14TeV 的质心能量。这种能量级别足以产生一对暗物质粒子，并且伴随产生一个标准模型粒子。其实，最简单的模型是正负质子对撞产生 WIMP 粒子对，但这种事件本身不会被探测器记录，因为缺乏触发信号。因此，为了在对撞机实验中探测到暗物质，必须依赖于可同时产生触发信号的"X"，目前在对撞机上最有效的探测手段之一是使用"Mono $X + E_{mis}$"的方法。这种方法要求在产生 WIMP 粒子对的同时，也要产生一个可以被探测器记录的"X"信号。"X"可以指代多种粒子或结构，包括喷注、光子、W/Z 玻色子、希格斯玻色子以及重夸克（如顶夸克和底夸克）。随着理论研究加深和技术发展，还可能有更多的"X"作为标记信号出现。基于动量守恒和能量守恒原理，可以通过"X"的能量、动量信息推断 WIMP 粒子对的信息。

利用对撞机探测暗物质是一个具有挑战性、有潜在价值的事情。随着有关对撞机技术和理论模型研究的逐步深入，我们期待能够加深对暗物质的真实性质和存在形式的理解。

4. 锦屏地下实验室与 PandaX

我国在暗物质研究领域取得了显著进展，发展了一系列具有国际竞争力的实验项目，包括直接探测和间接探测项目。例如，DAMPE（又称"悟空号"）是我国重要的间接探测项目 [7]。此外，PandaX[8] 和 CDEX[9] 等直接探测项目也取得了显著进展。这些直接探测实验通常需要在深地实验室进行，锦屏地下实验室是我国第一个也是世界上最深的地下实验室之一，为这些实验提供了理想的探测环境。

中国锦屏地下实验室（CJPL）位于中国西南的四川省凉山彝族自治州锦屏山山体中，距离西昌市约 100km。该实验室的岩石覆盖厚度达到 2400m，等效水深度为 6720m，宇宙射线通量仅为 $2 \times 10^{-10} \mathrm{cm}^{-2} \cdot \mathrm{s}^{-1}$，远低于海平面处的 $1 \times 10^{-2} \mathrm{cm}^{-2} \cdot \mathrm{s}^{-1}$，是全球最深、宇宙射线本底最低的地下实验室。实验室的岩石放射性本底也极低，为稀有事件物理研究提供了优越条件。CJPL 毗邻交通隧道，比传统矿井型深地实验室在物资运输和人员通行上更便捷。实验室当前运行的实验项目包括 CDEX、锦屏中微子实验、极低本底测量平台和 PandaX 等。

PandaX 是全球最大的暗物质直接探测实验之一。该项目的第一阶段实验 PandaX-I 在 2014 年底结束，探测器有效质量为 120kg。第二阶段实验 PandaX-II 在 2019 年结束，探测器有效质量为 580kg。目前的 PandaX-4T 探测器使用了总质量达 5.6t 的氙，是世界上灵敏体积最大、本底最低的探测器之一。2021 年底，PandaX 实验发布了最新的 WIMP 探测结果，再次刷新了暗物质直接探测的灵敏度下限，包括来自北京航空航天大学团队的重要贡献。

PandaX 采用双相氙时间投影室技术，可以实现粒子信号的三维位置和能量重建，同时具备优异的本底抑制和低能信号探测能力。这项技术在过去十多年中引领了 100GeV 到 1TeV 这一质量区间内的暗物质探测前沿。当暗物质粒子与氙原子发生碰撞时，会将动量转移给氙原子，产生的能量最终转化为波长为 178nm 的极紫外光子，在光电倍增管阵列的记录下被捕获。随后，详细分析这些数据，类似大海捞针般从中提取暗物质信号，最终得出暗物质直接探测的结果。此外，PandaX-4T[10] 探测器不仅可以探测 WIMP，还能用来探测无中微子双 β 衰变[11]、太阳中微子、超新星中微子、轴子、类轴子和暗光子[12] 等。

WIMP 暗物质的挑战以及其他暗物质候选者

WIMP 暗物质虽然是最自然的暗物质候选者之一，但是迄今为止的实验结果都是消极的，且直接探测的排除下限已接近中微子和核子的散射背景。因此，科学家开始探索其他湮灭机制或其他质量区间的暗物质候选者。这些候选者能提供正确的宇宙丰度且与实验数据相符。

1. WIMP 暗物质的共湮灭机制

一种解决暗物质直接探测截面过小问题的可能湮灭机制是，暗物质的湮灭不仅涉及暗物质粒子湮灭为标准模型粒子的过程 $\chi\chi \leftrightarrow$ SMSM，还可能涉及暗物质的伴随粒子 Y。伴随粒子的质量与暗物质粒子接近，通常是电中性的，但可能带有其他规范荷。在计算暗物质的湮灭截面时，我们需要考虑伴随粒子 Y 的贡献。这种情况下，我们能够提供正确的暗物质残余丰度，同时保持较小的湮灭截面。伴随粒子的出现使我们解决了暗物质直接探测截面过小的问题，同时提供更多的方法来探测暗物质。一般情况下，Y 的质量比暗物质粒子大，这使得 Y 可以衰变产生暗物质粒子和标准模型粒子。因此，在对撞机上我们可以通过寻找伴随粒子 Y 来推断暗物质的性质，分为以下两种情况。

一种情况是伴随粒子可以与暗物质粒子发生共湮灭过程 $XY \leftrightarrow SMSM$，用于提供暗物质残余丰度。曾有文献 [13] 把以轻子和夸克作为媒介粒子的暗物质为例，研究对撞机在暗物质探测和限制方面的作用。通过分析，确保暗物质粒子能够提供正确的暗物质残余丰度，同时，伴随粒子 Y 的质量大于暗物质粒子，媒介粒子的质量小于暗物质粒子。研究发现，在 13TeV 的质心能量和 100fb^{-1} 的积分亮度下，LHC 可以将暗物质质量上限提高到约 1TeV。

另一种情况是伴随粒子的湮灭过程 $YY \rightarrow SMSM$，主要用于提供暗物质残余丰度，Y 粒子只能衰变为暗物质粒子和标准模型粒子。如果 Y 粒子的衰变宽度很小，就会在探测器上表现为长寿命粒子 [14]。根据我们的研究，高亮度的 LHC 可以探测到质量在 $100 \sim 700GeV$ 这一区间的暗物质和共湮灭粒子。

2. 索末菲效应解决 WIMP 直接探测的疑难问题

为解决暗物质直接探测的疑难问题，索末菲效应提供了一种可能的机制。暗物质间接探测，特别是正电子和电子的宇宙射线谱显示，其需要的间接探测截面远大于宇宙中暗物质残余丰度所需的湮灭截面，并受到反质子观测的限制。因此，需要重新考虑暗物质湮灭机制，使暗物质倾向湮灭成轻子等较轻粒子。

如果暗物质是自相互作用粒子，存在某种长程相互作用（见图 6），那么湮灭截面需要考虑非微扰的索末菲效应。由于今天的暗物质速度比宇宙早期低得多，因此湮灭截面比暗物质冻结时大得多，这解释了可能存在的暗物质间接探测信号。在这种长程相互作用下，暗物质湮灭成新相互作用粒子，然后这些粒子进一步衰变成标准模型粒子。实验上，可以借助正电子 - 电子对的光谱等方法寻找暗物质湮灭机制。

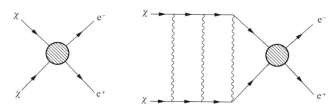

图 6　一般的暗物质湮灭机制和索末菲效应

3. 极轻暗物质应对 WIMP 暗物质的挑战

基于 WIMP 暗物质的研究现状及存在问题，粒子物理学家提出了"模糊"暗物质。这种暗物质质量极小，可以解决冷暗物质不能解释宇宙小尺度问题的难题。现有观测表明，极轻暗物质的质量下限为 10^{-21}eV。泡利不相容原理使玻色子成为唯一选择，这些玻色子可以是标量场粒子（如轴子）或矢量场粒子（如暗光子）。

（1）轴子暗物质

轴子暗物质是极轻暗物质研究的热点方向之一。轴子源于物理学中"最不可理解的难题"之一，即强相互作用的 CP（Charge Parity）问题。根据现有的理论框架，强相互作用（将质子和中子结合在一起的力）在 CP 变换下可以不守恒，但迄今为止的实验结果表明中子没有电偶极矩，这表明强相互作用不破坏 CP 对称性。

1977 年，佩切伊和奎因首次提出 PQ（Peccei-Quinn）对称性来解释强相互作用的 CP 问题，随后提出了轴子的概念。轴子的质量 (m_a) 和相互作用强度 (f_a) 之间存在一定关系，即 $m_a \approx \left(6\,\mu\mathrm{eV}/c^2\right)\left(\dfrac{10^{12}\,\mathrm{GeV}}{f_a}\right)$。该关系式解决了实验上没有观测到中子电偶极矩的难题。轴子与胶子（传递强相互作用的粒子）存在相互作用，自然地，轴子也可以与光子产生相互作用。轴子作为暗物质，其寿命必须大于宇宙年龄。根据轴子的衰变宽度，可以确定轴子的质量上限为 20eV。同时，作为暗物质，轴子还受到许多天文学尺度的限制，因此经典的量子色动力学的轴子暗物质质量大约为 6μeV，类轴子可以更轻，如我们之前提到的"模糊"暗物质。

轴子暗物质的产生机制与 WIMP 不同。轴子不是通过热退耦机制产生的，而是通过 PQ 对称性破缺后的真空错位机制产生的，宇宙膨胀影响了轴子的分布和演化。轴子与光子相互作用的特性也为暗物质探测带来了许多可能性。国际上针对轴子的研究项目有数十个，研究方法多种多样。各个实验的探测现状如图 7 所示[15]，按照实验方式不同可以将轴子探测分为暗物质直接探测（蓝色）、暗物质天文观测（灰色）、轴子实验室探测（红色）和轴子天文观测（绿色）。

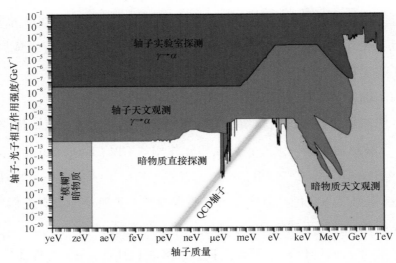

图 7　轴子的实验探测现状（橙黄色区域代表理论上允许 QCD 轴子存在的范围）

（2）暗光子暗物质

在标准模型中，各种相互作用由不同的规范玻色子传递，因此暗世界的暗相互作用也应借助某类玻色子实现。最简单的模型可以通过引入一个

U(1) 暗光子来实现。目前引用最多的暗光子模型是 1986 年由加拿大多伦多大学的霍尔敦教授提出的，最早的文献可以追溯至 20 世纪 60 年代苏联物理学家的相关文章 [16]。

由于暗光子和光子都源自 U(1) 群，两者之间自然存在一定程度的混合，这使得暗光子可能衰变为标准模型粒子。如果暗光子的质量低于电子质量的两倍，它无法衰变为电子。在这种情况下，它可以通过圈图衰变为三个光子。结合微弱的相互作用系数，暗光子的寿命可以超过宇宙年龄，从而成为一种暗物质候选者。

作为暗物质，暗光子可以通过失调机制产生。在宇宙暴胀期间，暗光子场被拉平并几乎均匀地分布在整个宇宙中。暴胀结束后，随着宇宙冷却，暗光子场开始自由演化，此时暗光子场的质量值可能偏离其最低能量状态，这种偏离被称为"失调"。随着宇宙的进一步膨胀，暗光子在势能阱中开始以波函数形式振荡。

由于暗光子可以与光子混合，因此其探测方式多种多样，如图 8 所示，包括暗光子 - 光子转化（红色）、暗光子天文观测（绿色）、暗光子暗物质探测（蓝色）和暗光子实验室探测（黑色曲线）等。

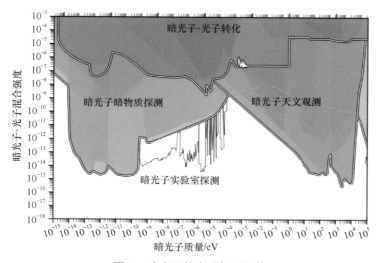

图 8　暗光子的实验探测现状

激光穿墙实验是暗光子 - 光子转化实验的一种，也称为光子再生实验。由于光子与暗光子的振荡，光子在传播过程中有一定概率转换为暗光子。实验室提供强激光，由一道墙体去除原有的光子之后，只有振荡成为暗光子的才能穿过墙体，并再次转换为光子。最后，通过光子探测器限制光子与暗光子的耦合系数。

在天文观测中，恒星限制主要利用天文背景。例如，太阳光子实验利用了太阳内部的强磁场，并假设暗光子能够在太阳中大量产生并通过动量混合效应转化为普通光子。探测器在地球上通过寻找这些光子来验证暗光子的存在。

暗光子作为暗物质的一种形式，其分布和行为可能影响星系旋转曲线和 CMBR 的各向异性。通过对星系和 CMBR 的精确观测，可以间接推测暗光子的存在。

实验室手段也可以用于研究暗光子，包括谐振腔共振探测和宽频谱搜寻等。例如，暗光子暗物质可以在地球上的射电望远镜反射面或天线上引起电子振荡，并直接在望远镜上产生单频射电信号，信号频率与暗光子质量相同（在高能物理领域，频率和质量属于同一量纲）。文献 [17] 提出利用 FAST 的观测数据寻找暗光子暗物质信号，给出特定频段对暗光子暗物质的最强实验限制。

结语

暗物质约占宇宙丰度的 26%，关于其粒子属性的研究是粒子物理学的前沿热点问题之一。然而，现有的标准模型无法提供暗物质候选者。因此，无论是理论模型的构建还是实验探测方法的设计，都需要更加深入的研究。我们期待，在不久的将来，随着科学认识的提升和实验技术的进步，能够揭开暗物质的神秘面纱，展现宇宙的另一面。

参考文献

[1]　GUTH A H. The inflationary universe: a possible solution to the horizon and flatness problems[J]. Physical Review D, 1981, 23(347): 347-356.

[2]　SKORDIS C, MOTA D F, FERREIRA P G, et al. Large scale structure in Bekenstein's theory of relativistic modified newtonian dynamics[J]. Physical Review Letters, 2006, 96(1): 011301.

[3]　WEINBERG D H, BULLOCK J S, GOVERNATO F, et al. Cold dark matter: controversies on small scales[J]. Proceedings of the National Academy of Sciences, 2015, 112(40): 12249-12255.

[4]　AGHANIM N, AKRAMI Y, ASHDOWN M, et al. Planck 2018 results-VI. cosmological parameters[EB/OL]. (2020-03-20)[2024-05-05].

[5]　JUNGMAN G, KAMIONKOWSKI M, GRIEST K. Supersymmetric dark matter[J]. Physics Reports, 1996, 267(5-6): 195-373.

[6]　ADRIANI O, BARBARINO G C, BAZILEVSKAYA G, et al. An anomalous positron abundance in cosmic rays with energies 1.5-100GeV[J]. Nature, 2009, 458(7238): 607-609.

[7]　AMBROSI G, AN Q, ASFANDIYAROV R, et al. Direct detection of a break in the teraelectronvolt cosmic-ray spectrum of electrons and positrons. Nature, 2017, 552(7683): 63-66.

[8]　CUI X Y, ABDUSALAM A, ZIHAO B, et al. A search for the cosmic ray boosted sub-GeV dark matter at the PandaX-II experiment[J]. Physical Review Letters, 2022, 128(17): 171801.

[9]　LIU Z Z, YUE Q, YANG L T, et al. Constraints on spin-independent nucleus scattering with sub-GeV weakly interacting massive particle dark matter from the CDEX-1B experiment at the China Jinping

underground laboratory[J]. Physical Review Letters, 2019, 123(16): 161301.

[10]   MENG Y, WANG Z, TAO Y, et al. Dark matter search results from the PandaX-4T commissioning run[J]. Physical Review Letters, 2021, 127(26): 261802.

[11]   NI K, LAI Y, ABDUKERIM A, et al. Searching for neutrino-less double beta decay of 136Xe with PandaX-II liquid xenon detector[J]. Chinese Physics C, 2019, 43(11): 113001.

[12]   ZHOU X, ZENG X, NING X, et al. A search for solar axions and anomalous neutrino magnetic moment with the complete PandaX-II data[J]. Chinese Physics Letters, 2021, 38(1): 011301.

[13]   BAKER M J, BROD J, EI H S, et al. The coannihilation codex[J]. Journal of High Energy Physics, 2015(12): 1-86.

[14]   GUO J, HE Y, LIU J, et al. Heavy long-lived coannihilation partner from inelastic dark matter model and its signatures at the LHC[J]. Journal of High Energy Physics, 2022(4): 1-25.

[15]   SLOAN J V, HOTZ M, BOUTAN C, et al. Limits on axion–photon coupling or on local axion density: dependence on models of the Milky Way's dark halo[J]. Physics of the Dark Universe, 2016(14): 95-102.

[16]   FABBRICHESI M, GABRIELLI E, LANFRANCHI G. The dark photon[EB/OL]. (2020-10-16)[2024-01-06].

[17]   AN H, GE S, GUO W, et al. Direct detection of dark photon dark matter using radio telescopes[J]. Physical Review Letters, 2022, 130(18): 181001.

王小平，北京航空航天大学物理学院准聘副教授、博士生导师，国家高层次青年人才。主要研究方向为粒子物理理论，包括暗物质、中微子以及超出标准模型新粒子相关的粒子物理唯象学研究。在相关领域发表 SCI 论文 40 篇，其中 2 篇发表于 *Physical Review Letters* 上，论文被引用 1400 余次。主持国家级项目 3 项，校级项目 1 项。

周小朋，北京航空航天大学物理学院副教授、硕士生导师。目前主要从事暗物质与中微子探测方向的研究工作，参与锦屏地下实验室的 PandaX 实验，目前在实验中负责刻度技术的研究开发及轴子暗物质的探测。

黑洞与信息：
引力理论与量子信息的碰撞

北京航空航天大学空间与环境学院

张海青

　　黑洞是宇宙中十分神秘的天体，连光都无法逃脱它的吸引。尽管我们无法直接看到它，但是我们可以通过很多间接的手段来探测它的存在，2015 年观测到的引力波便是两个黑洞并合时所释放的。尽管我们已经了解黑洞的很多经典性质，但是我们对于黑洞的量子性质还只是处于理论探索阶段，尤其是霍金提出的黑洞辐射。黑洞辐射涉及量子力学与统计力学，因此其必然与熵有着紧密的联系。20 世纪 40 年代，香农对信息论进行了深入研究，发现信息公式与统计力学中的熵公式非常类似，从而将信息与熵联系起来。因此，黑洞与信息两个貌似毫不相干的物理概念，在近代物理的视角下却有着密切的联系。这就是下面所要阐述的内容。

黑洞作为广义相对论的经典解

　　黑洞这个词一般认为是由美国天体物理学家惠勒在 1968 年提出的，但是第一个黑洞解却早在 1915 年就由德国物理学家施瓦西求得 [1]。施瓦西根据爱因斯坦的广义相对论，求得了一个静态球对称的黑洞解，现在称作施瓦西黑洞。

　　首先简单提一下广义相对论，爱因斯坦于 1915 年完整地写出了广义相对论中的引力场方程，广义相对论认为物质引起了时空（时间 + 空间）的弯曲，而时空的弯曲告诉人们物质如何运动（即时空的弯曲提供了引力）。爱因斯坦的引力场方程含有 10 个独立的分量，而且方程是非线性的，非常复杂，因此要求出完整的解析解是几乎不可能的。就在爱因斯坦发表他的广义相对论后的几个月，施瓦西就求得了一个简单的球对称的黑洞解。这个解存在一个坐标奇点，在这个奇点上描述时空的度规将发散，该奇点所在的位置为黑洞的施瓦西半径。在这个半径附近，黑洞具有非常大的吸引力，连光都逃脱不了，因此利用黑洞这个词来描述这样一种奇怪的天体是非常形象的。后来，大家发现，原来施瓦西半径只是一个坐标奇点，并不代表真实的时空结构在此处是奇异的。一个简单的判别方法是可以计算此处的时空曲率，曲率依然是有限的，并没有发散，所以施瓦西半径并不是一个物理奇点。但是，光或者其余粒子依然不能逃脱这个半径，因此对于施瓦西黑洞而言，这个半径也叫作事件视界，代表任何粒子都不能逃脱这个半径。后来人们又得到了很多类型的黑洞解，最典型的就是旋转黑洞（Kerr黑洞）解，以及旋转带电黑洞（Kerr-Newman 黑洞）解等，其余更复杂的黑洞解在这里不介绍。

那么，黑洞是否真实地在宇宙中存在呢？起初大家认为从广义相对论得到的黑洞只是一个数学上的解罢了，并不一定在真实的宇宙中存在。而且黑洞能够吸收光，几乎是完全漆黑的，因此即使它真的在宇宙中存在，也是很难被发现的。事实上，人们可以通过多种方式对黑洞进行直接或者间接的观测。这里通过 3 个普遍采用的观测方式来说明。第一种观测方式是，如果很多星体都围绕着一个看不见的中心物体旋转，那么很有可能这个中心物体就是一个黑洞，比如银河系中心就是一个黑洞。第二种观测方式是探测黑洞并合时释放出的引力波，这是一种间接观测方式。2015 年，人类第一次探测到了引力波，经过分析后发现这个引力波是由两个黑洞并合时释放的 [2]。这项成果使发现者获得了 2017 年的诺贝尔物理学奖。第三种观测方式通过直接观测黑洞周围的光线来观测黑洞，这是一种比较直接的方式。2019 年"事件视界"望远镜观测到了 M87 星系中心的黑洞图像（图 1 左侧），并且在 2022 年又观测到了银河系中心的黑洞图像 [3]（图 1 右侧）。当然，还有其他的一些观测方式，此处不赘述。通过上述观测，可以断言黑洞是宇宙中确确实实存在的一种天体。目前我们所谈论的黑洞还是经典的黑洞，即黑洞不向外辐射粒子。下面我们将讨论黑洞辐射的情况，在此不可避免要用到量子力学与统计力学的一些知识。

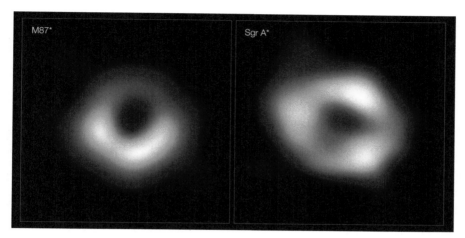

图 1　黑洞图像

黑洞热力学

我们前面说过黑洞可以吸收任何物质，包括光，因此它是完全漆黑的。事实上，黑洞并不是完全漆黑的，它可以向外辐射粒子，人们可以通过测量辐射粒子的光谱来推定黑洞的温度。这些是霍金等人所做的工作，也是下面主要讨论的内容，即黑洞热力学。

黑洞热力学与普通热力学具有很多的相似性，因此在讨论黑洞热力学之前需要知道统计力学或者热力学中的一些关于温度、熵、能量等物理量之间的热力学关系。热力学关系主要包含在 4 个定律之中。

（1）热力学第零定律：如果两个不同的系统都与第三个系统之间达到平衡状态，那么这两个系统之间也达到了平衡状态。

解释：热力学第零定律从经验上解释了温度的由来。假设 A、B 两个杯子中都盛有一定量的水，即 A、B 两个杯子中的水处于两个不同的系统。此时第三个系统为温度计。我们将温度计先插入 A 杯中，等温度计中的水银稳定之后，此时 A 杯中的水与温度计达到了平衡状态，那么温度计上的示数（比如 100℃）就表征了 A 杯中水的温度。然后迅速将温度计放入 B 杯中，如果水银长时间没有变化，那么温度计也与 B 杯中的水达到了平衡状态，即 B 杯中水的温度也是 100℃。此时若将 A、B 杯中的水混合，两杯水之间就达到平衡状态，因为它们的温度都是 100℃。热力学第零定律解释了温度的由来。

（2）热力学第一定律：孤立系统的总能量守恒，即能量可以从一种形式转化为另一种形式，但是总能量不变。

解释：孤立系统很重要，即这个系统跟外界没有能量、粒子交换。能量的形式有多种，比如热能、动能、势能、电磁能等。比如，打开电灯时，灯泡发出的热量就是由电能转化而来的。这里需要注意的是内能与总能量的关系。内能与温度 T 有密切的关系，一般情况下内能用 U 表示。若系统温度不变，则总能量 = 动能 + 势能 + 内能。所以热力学第一定律也可以表述为系统内能的改变 = 外界向系统所输入的热量 Q – 系统对外界所做的功 W。

（3）热力学第二定律：孤立系统的熵总是不减小的。一个孤立系统总是自发地向平衡状态演化，以达到熵最大的状态。

解释：热力学第二定律其实关系到自然界中的一些不可逆的现象。熵表征了一个系统的混乱程度。比如一个杯子打碎之后就很难再复原，因为碎杯子比完整的杯子更"混乱"，所以它的熵比完整的杯子的熵要大。根据热力学第二定律，熵不会减小，因此杯子不可以自动复原。

（4）热力学第三定律：当系统的温度趋近于绝对零度时，系统的熵趋近于一个常数。对于完美的没有缺陷的晶体而言，这个常数为 0。

解释：直观上很容易理解热力学第三定律。比如对 100℃的水进行降温，100℃时水是气态的，水分子之间的相互作用很剧烈，因此熵比较大；然后降温，水蒸气开始液化为液体，此时水分子之间的距离变小，相互作用也不那么剧烈，熵进一步减小；降温到 0℃时，水开始凝固为冰，此时水分子之间的相互作用进一步减弱，熵进一步减小；当温度一直往绝对零度靠近，此时水分子之间的作用进一步受到约束，熵趋于 0。我们知道温度是无法真正达到绝对零度的，因此熵其实也不会真正达到 0。从统计力学的角度我们可以更加清楚地认识这个关系。熵是一个宏观的量，可以与系统的微观状态数联系起来，得到玻尔兹曼熵 S：

$$S = k_B \ln \Omega \tag{1}$$

其中，k_B 是玻尔兹曼常量，Ω 代表微观状态数。在绝对零度时，微观状态数为 1，因此 $S=0$。

让我们回到黑洞。黑洞就像黑体一样，并不是完全黑，它也可以向外辐射粒子，它的辐射谱跟黑体辐射谱非常相似。因此，黑洞也有温度，具有跟热力学相似的定律。

（1）黑洞热力学第零定律：对于一个稳态黑洞，它的事件视界的表面引力是常数。

解释：表面引力用希腊字母 κ 表示，它的定义比较数学化，需要通过视界上的 Killing 矢量来定义。从物理上说，表面引力类似于视界上的引力加速度。通过跟热力学第零定律的类比可以看出，表面引力相当于温度，处于平衡状态的系统具有固定的温度，与之相对应的便是稳态黑洞具有固定的表面引力。表面引力与黑洞温度的关系并不是单纯通过类比得出的，完全可以通过更基本的弯曲时空中的量子场论推导得出。

（2）黑洞热力学第一定律：稳态黑洞的能量 E 的扰动与黑洞视界的面积 A 的变化量、角动量 J 的变化量以及电荷 Q 的变化量有关。

$$dE = \frac{\kappa}{8\pi} dA + \omega dJ + \phi dQ \tag{2}$$

其中，ω 代表黑洞角速度，ϕ 代表静电势。

解释：我们可以发现黑洞热力学第一定律中黑洞的能量可以转化为别的能量，这与热力学第一定律中的能量是可以转化的表述相一致。黑洞的能量 E 一般情况下与黑洞的质量相关，等式右边的第一项可类比热力学中的 TdS（温度乘熵的变化量），因为表面引力可类比温度，所以黑洞视界的面积可类比熵。等式右边的后两项比较好解释，即黑洞转动能量的变化以及黑洞电磁能的变化。

（3）黑洞热力学第二定律：黑洞视界的面积永不减小，即 $\mathrm{d}A \geqslant 0$。

解释：这个定律就是霍金的面积定理。如果将黑洞视界的面积类比于熵，那么面积定理就跟热力学第二定律相似，即熵永不减少。需要注意的是，如果考虑黑洞视界的量子力学效应，则黑洞可以向外辐射粒子，这就是所谓的霍金辐射。黑洞发生辐射后，质量就会减小，视界面积也会减小，这似乎违背了热力学第二定律中的熵永不减小的说法。但是后来人们发现其实可以将黑洞热力学第二定律推广为广义的热力学第二定律，即将黑洞视界面积所代表的熵以及辐射出去的粒子的熵之和当作总熵，那么总熵是不减小的。

（4）黑洞热力学第三定律：永不可能在一个物理过程中将黑洞的表面引力降为 0。

解释：这里需要强调的是，事实上存在表面引力为 0（即温度为 0K 的黑洞）的黑洞解。比如，对于旋转带电黑洞，可以存在极端的温度为 0K 的情况，且此刻黑洞的视界面积不为 0，即熵不为 0。黑洞热力学第三定律讲述的是在一个物理过程中，当你越想降低黑洞的温度，这个过程越难实现。

黑洞信息佯谬

霍金发现黑洞其实并不是完全漆黑的，它还可以向外辐射粒子[4]。正如前面所说，黑洞辐射谱与黑体辐射谱类似，所以黑洞是具有一定温度的可向外辐射粒子的天体。霍金发现黑洞辐射谱只与黑洞的质量、角动量、电荷这些物理量有关，与其余的物理量都没有关系。霍金的这个结论与著名的黑洞无毛定理是一致的。黑洞无毛定理说的是黑洞作为爱因斯坦方程的解，它的最终性质只依赖于黑洞的质量、角动量和电荷[5]。

但是，霍金的这个结论与量子力学是相悖的。因为从量子力学的角度看，事物的演化过程中信息是守恒的，也叫作幺正过程，但是黑洞辐射显然违背了信息守恒的原理。比如，一开始塌缩进入黑洞的物质包含很多的物理信息，但是当它被黑洞吸收，然后被辐射出来时，我们只能得到关于黑洞的质量、角动量、电荷这些信息，初始物理系统的其余信息都被黑洞抹平消失了。

很多物理学家都不相信霍金的论断，这个论断就成了所谓的"黑洞信息佯谬"。直到近几年，它才得到了解释，大家一般认为黑洞信息佯谬已经被解决。这是后面需要着重讨论的内容。

信息与熵

根据现代理论，熵就是我们对系统缺失信息的度量。

熵有很多种不同的定义。首先出现的是热力学熵，即克劳修斯熵，它的定义与可逆过程中系统吸收的热量 Q 有关。

$$S = \int \frac{\mathrm{d}Q}{T} \tag{3}$$

从这个公式可以看出，熵与系统的宏观状态参数温度 T 相关。后来，玻尔兹曼定义了玻尔兹曼熵 $S=k_B \ln\Omega$，即熵与系统的微观状态数 Ω 有关。事实可以证明，克劳修斯熵与玻尔兹曼熵是等价的。即从热力学层面定义的熵与从统计力学层面定义的熵是一致的。当然这也是我们所期望的，否则只能说明这两种定义是不自洽的。后来吉布斯又从概率层面定义了吉布斯熵。

$$S = -k_B \sum_{i=1}^{\Omega} p_i \ln p_i \tag{4}$$

其中，p_i 代表某一个微观状态出现的概率。在等概率分布时，可以验证吉布斯熵跟玻尔兹曼熵也是自洽的，我们可以举一个简单的例子。假设系统中的微观状态分布遵从等概率分布，即 $p_i=1/\Omega$，则很容易证明吉布斯熵 $S=k_B \ln\Omega$，与玻尔兹曼熵等价。熵的 3 种不同定义都用 S 来表示，因为这 3 种定义是等价的。

从本质上来说，上述 3 种定义下的熵都是粗粒化的熵。粗粒化的反义词是精细化，我们可以直观地利用屏幕的像素来理解精细化与粗粒化。当像素高的时候，我们几乎可以看到照片上的任何一个细节，比如人脸上的一颗非常小的痣，这就是精细化；但是当屏幕的像素不够高时，肉眼就看不见这颗痣了，这就是粗粒化，粗粒化会抹掉很多微小的细节。那么为什么我们前面定义的 3 种熵是粗粒化的熵呢？因为人类的认知或者测量手段实在太有限了，比如 1mol 的气体中有 6.022×10^{23} 个粒子，我们不可能去追踪每一个粒子，从而知道更多细节。但是我们可以从宏观的角度去定义熵，即我们可以在一定的物理状态下，比如在固定的能量、体积、粒子数的情况下，考虑一个系统的混乱状态。所以上面提到的 3 种熵其实相当于一种平均的概念，因此是一种粗粒化的熵。

信息熵是由香农提出的，也叫香农熵[6]。香农熵在信息处理、数据压缩等领域有着广泛的应用，因此香农被誉为信息学之父。香农熵与吉布斯熵的定义有相似之处，但是香农熵主要用于信息领域，而且自香农之后，人们才理解原来熵与信息是相关的。由于在信息或者计算机领域人们用二进制处理问题，所以香农熵（H）定义如下：

$$H = -\sum_i p_i \log_2 p_i \tag{5}$$

需要注意的是，这里对数的底数为 2，且公式中没有了玻尔兹曼常量。p_i 代表的依然是某个状态出现的概率。计算香农熵可以得到信息存储需要的最小存储单元数目。比如有枚硬币，投掷出正面与反面的概率都是 50%，那么我们需要用 $H=-2\times0.5\times\log_2 0.5=1$bit 来编码这个信息。但是，如果我们明确知道掷出的硬币都是正面向上的，那么此时香农熵 $H=-1\times\log_2 1=0$，即不需要任何存储单元来编码这个信息，因为我们知道掷出的硬币一定是正面向上的。从这个简单的例子我们可以看出，熵是对于系统缺失信息的度量。当硬币正反面都以相同的概率出现时，此时的香农熵最大，表明我们对于下一次出现硬币哪面朝上这个信息非常不确定（信息缺失很多）。当只有硬币正面朝上这个情形存在时，香农熵为0，表明我们对于下一次出现哪面朝上非常确定，不存在信息缺失。因此，自香农后，信息与熵建立了联系，熵描述的是人们对于系统信息了解的缺失。

香农熵描述的依然是经典熵或者经典信息，将其推广到量子力学就得到冯·诺依曼熵[7]：

$$S = -k_B \mathrm{tr}\left(\rho \ln \rho\right) \tag{6}$$

其中，ρ 为系统的密度矩阵，tr 代表对矩阵求迹。冯·诺依曼熵是一种精细化的熵（精细熵），在量子力学的演化中，S 保持不变，即信息守恒。在量子力学中有纯态与混态之分。纯态意味着系统的波函数完全已知，即波函数$|\psi\rangle$的形式是完全知道的，因此纯态信息的缺失为0，即纯态的冯·诺依曼熵为0。计算结果确实是这样的，利用$\rho = |\psi\rangle\langle\psi|$可以很容易算出纯态的冯·诺依曼熵为0。对于混态，由于对系统的波函数缺少一定的认识，无法用具体的波函数来描述，但是可以用密度矩阵表示混态，密度矩阵可以写作$\rho = \sum_i p_i |\psi_i\rangle\langle\psi_i|$，$p_i$代表系统处于某一波函数$|\psi_i\rangle$的概率。在一定的基矢下，密度矩阵可以取对角化形式，则冯·诺依曼熵可以演变为吉布斯熵。很明显，一般情况下混态的冯·诺依曼熵不为0，因为p_i不会只为1（否则就为纯态）。这也表明，不为0的冯·诺依曼熵代表我们对系统信息了解的缺失。

冯·诺依曼熵除了可以表示混态的信息缺失之外，还可以表示两个量子系统之间的纠缠。如果存在两个子系统 A 和 B，则整个系统的希尔伯特空间表示为两个子系统的直积。如果要了解系统 A 的冯·诺依曼熵，需要计算系统 A 的约化密度矩阵，具体操作就是对系统 B 的密度矩阵求迹，然后计算系统 A 与系统 B 之间的纠缠熵。需要注意的是，对系统 B 的密度矩阵求迹意味着对系统 B 不进行任何测量，相当于对系统 B 进行粗粒化，从而使熵增加。一个有趣的例子是，即使整个系统是纯态的，即整个系统的冯·诺依曼熵为0，但是它的子系统的冯·诺依曼熵（或者纠缠熵）却不为 0。这是由于我们对另外一个子系统进行了粗粒化，从而造成了熵的增加。

粗粒化的熵不会减小，可以直观地用棉花团来理解。无论我们对棉花团进行压缩还是拉伸操作，棉花团中棉花丝真正所占的体积其实是个固定值，这个固定值可以类比精细熵；粗粒化的熵可以理解为棉花丝及其周围空气的体积。当把压缩的棉花团松开时，尽管它真正的体积没有变化，但是它的粗粒化的体积（即棉花丝连同周围的空气的体积）变大了，意味着粗粒化的熵变大了。所以热力学第二定律描述的是粗粒化的熵。

黑洞信息佯谬的解决之道

霍金认为黑洞向外辐射的粒子谱是热谱。随着时间的推移，黑洞逐渐辐射完毕、完全蒸发，最终留存在空间中的是一团热光子，完全不含有任何信息，熵达到了最大。因此黑洞不仅破坏了被它吞噬的物质，也将原来物质所携带的信息给破坏了。1993 年，霍金的学生佩奇提出，假设黑洞吸收一个波，然后将这个波辐射出来[8]，黑洞与掉进黑洞的波以及辐射出去的波是一个闭合系统，因此整个系统的信息应该守恒（从量子力学的角度讲）。所以在黑洞完全蒸发后，整个系统的熵应该为 0。在佩奇的计算中，他不认为黑洞向外辐射的粒子谱是完全的热谱（这一点跟霍金不一样），佩奇认为从黑洞辐射出去的粒子不仅含有信息，而且跟黑洞内部还没有辐射出去的粒子之间是有关联的。佩奇辐射曲线（佩奇曲线）（见图 2）一开始上升，然后下降为 0。这个曲线的最高点代表辐射出去的粒子与留存在黑洞内部的粒子之间达到了最大纠缠态。当黑洞蒸发殆尽后，所有的辐射粒子的熵为 0，因为整个系统信息守恒。

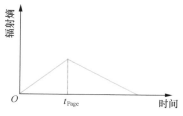

图 2　黑洞辐射的佩奇曲线示意图

　　2019 年，美国的两个研究小组在黑洞信息研究方面取得了重大进展 [9]。他们利用复制虫洞的方式计算了黑洞熵以及黑洞辐射熵，发现它们确实符合佩奇曲线，从而比较完整地解决了黑洞辐射问题。在计算过程中他们利用了精细引力熵这个概念，为了解释这个概念，我们需要提及两个日本物理学家于 2006 年提出的全息纠缠熵 [10]。这里的全息指的是引力全息，而不是我们平常生活中或者电影中的光学全息。全息的意思很简单，即高维空间到低维空间的对偶，全息认为高维空间的自由度与低维空间的自由度是一一对应的，因此可以通过低维空间的信息来反映高维空间，反之亦然。引力全息原理在 1997 年由马尔达西纳在弦论基础上提出 [11]，他认为一个五维的反德西特时空中的 IIB 类型的超引力在一定的极限下与这个引力边界上四维的 $N=4$（N 代表超对称数目）的超对称杨 - 米尔斯场是等价的。一般认为，只要引力的渐近行为是反德西特时空的，就存在低维的场与反德西特时空对应，被称作规范 - 引力对偶。2006 年，Ryu 与 Takayanagi 基于引力的全息对偶提出了边界场论中两个子系统之间的纠缠熵（或者冯·诺依曼熵）可以通过两个子系统边界深入引力部分的极小曲面来计算。这就是著名的全息纠缠熵公式。这个公式后来被进一步推广与完善，现在一般认为 Ryu-Takayanagi 公式不一定在渐近反德西特时空中才成立，也不一定需要纠缠。它已经被推广到了一般的与引力耦合的量子系统中，并且基于极小曲面算出的熵是精细熵。这个精细熵 S 可以写作：

$$S \sim \min\left(\frac{\text{Area}}{4G_N} + S_{\text{outside}}\right) \qquad (7)$$

其中，Area 就是选中的余 2 维（比背景时空的维度小 2）的面，S_{outside} 为利用半经典的或者弯曲空间中的量子场论方法计算的量子场（包括各种粒子在内）的熵，G_N 是引力常数。求和之后再取使得总熵为最小值的极值曲面。括号中的广义熵跟贝肯斯坦在 1973 年提出的广义熵比较类似。但是，贝肯斯坦提出的广义熵是粗粒化的熵，因为它计算的是黑洞视界的面积与辐射粒子的熵的和，它是随着时间增大的。此处公式所表示的广义熵是精细熵，与贝肯斯坦的粗粒化的熵是不一样的。

在实际计算中需要找到一个余 2 维的面 X，这个面 X 需要使得广义熵在空间方向上最小，在时间方向上最大，因此面 X 是极值曲面。如果存在很多这样的极值曲面，我们就应寻找在整体上最小的那个极值曲面，这个面 X 叫作量子极值曲面。引力系统中的精细熵又可以精确表示为：

$$S \sim \min_X \left\{ \text{ext}_X \left[\frac{\text{Area}(X)}{4G_N} + S_{\text{semi-cl}}(\Sigma_X) \right] \right\} \tag{8}$$

其中，$S_{\text{semi-cl}}$ 指半经典熵，Σ_X 指由面 X 以及视界外的一个截断面包围起来的部分，ext_X 指所有的极值曲面。

我们用上述公式考虑一个蒸发黑洞的熵。假设一开始形成黑洞的物质都是纯态的（即信息完全已知，冯·诺依曼熵为 0），那么在它们刚刚形成黑洞，但是黑洞还没有开始辐射时，整个黑洞的精细熵为 0。此时的量子极值曲面 X 取在黑洞的中心处（半径零点处），即 Area(X)=0。因此整个精细熵来自 Σ_X 的贡献。若黑洞一直不辐射，那么 Σ_X 的贡献一直为 0，因为这个部分的物质信息都是已知的。随着黑洞开始有了一点点辐射，Σ_X 的贡献逐渐增大，因为它计算的是在辐射过程中逃离视界向外运行的粒子以及向黑洞内部运行的粒子之间的纠缠。随着辐射进一步增大，纠缠进一步增大。但是精细熵并不会一直增长下去，原因在于当黑洞开始辐射一段很短的时间后，量子极值曲面 X 的面积就不再是 0 了，它会存在于比较接近黑洞视界的地方，X 的面积会随着黑洞辐射的进行逐渐减小。当黑洞辐射到一定的时刻（称作佩奇时刻），存在量子极值曲面时的熵与不存在量子极值曲面时的熵相当时，黑洞的精细熵就由一开始的增大变为减小，精细熵形成跟佩奇曲线非常类似的曲线。当黑洞蒸发殆尽后，精细熵变为 0，因为此时量子极值曲面已经不存在了。

上面谈及的是黑洞的精细熵，此时还没有真正谈及黑洞信息佯谬问题，它涉及一个在无穷远的观测者所看到的霍金辐射的熵是一直增加，还是依旧遵循佩奇曲线规律。我们需要考虑一个无穷远的观测者所能收集的黑洞辐射粒子的熵，此时需要考虑的时空几何部分显然包含从截断面到无穷远处的柯西面上的贡献，即 Σ_{rad}。但是，如果只考虑这部分的熵，它的值只会随着时间增大，一直到黑洞蒸发殆尽才达到稳定。因此，还需要考虑黑洞内部，即黑洞内部对于辐射粒子的熵也有很大影响。这个内部其实就是上面谈及的量子极值曲面 X 到黑洞中心的部分，我们称之为"岛屿（island）"。所以，根据引力系统中精细熵（即精细引力熵）的公式，可以将黑洞辐射熵表示为：

$$S_{rad} = \min_{X}\left\{ ext_X \left[\frac{Area(X)}{4G_N} + S_{semi-cl}\left(\Sigma_{rad} \cup \Sigma_{island}\right) \right]\right\} \tag{9}$$

其中，Σ_{island} 表示岛屿部分提供的引力熵。上述公式被称为黑洞辐射谱的孤岛规则。基于这个公式得出的黑洞辐射熵的变化规律与佩奇曲线是一致的，我们大体可以这么看：若一开始有一大堆纯态的物质开始塌缩进入黑洞，此时黑洞还没有开始辐射粒子，则辐射熵为 0；经过一个短暂的时间后，黑洞开始辐射粒子，此时 Σ_{rad} 部分的熵开始增加，而 Σ_{island} 以及 X 部分的熵不占主导地位；当到达佩奇时刻，Σ_{island} 与 X 的影响就显现出来了，即辐射部分 Σ_{rad} 的熵不能无休止地增加，此时 Σ_{rad} 与 Σ_{island} 之间的霍金辐射粒子大部分是纠缠的，它们一开始就组合成了纯态。根据量子力学的幺正演化原则，Σ_{rad} 与 Σ_{island} 部分的熵之和在所有时刻接近于 0。所以在佩奇时刻之后，熵主要由量子极值曲面 X 提供。前面提到 X 比较接近视界，黑洞辐射后视界面积在不断减小，所以佩奇时刻后黑洞的辐射熵也在不断减小，黑洞辐射殆尽后，辐射熵为 0。

结语

我们重点介绍了普通热力学熵和黑洞的熵，如果我们认为黑洞的形成以及辐射过程满足量子力学的幺正性（或者信息守恒），那么我们需要计算黑洞辐射的精细熵。根据近几年的发展，物理学家发现计算这样的精细熵必然涉及黑洞的内部，也就是说黑洞的内部会影响黑洞辐射的精细熵。这样计算出来的熵在黑洞蒸发殆尽后确实遵循量子力学的信息守恒原则。在这里提到了一个重要的概念，那就是熵是我们对于系统缺失信息的度量，这是香农研究信息理论的成果，是计算机、通信领域的基本理论。

一个自然的想法便是既然黑洞也具有熵或者信息，那么黑洞可以作为巨大的量子计算机吗？确实有人提出了这方面的猜想，并且仔细研究过 [12]，有兴趣的读者可以进一步深入研读。尽管我们已经比较全面地介绍了黑洞信息佯谬是如何被解决的，但是其中依然还有很多的疑问，一个重要的问题便是我们并不知道黑洞中具体的微观态是什么，即我们并不清楚黑洞是如何将起初的量子态转化为最后辐射出去的量子态。用量子场论的语言来讲便是，我们不知道从一个态转化为另一个态的 S 矩阵是什么。当然，在计算黑洞辐射熵的过程中，我们利用了欧氏路径积分的方法，这个方法的一个问题便是在引力中无法精确定义熵的形式，也不清楚应该在什么样的鞍点上做计算，甚至并不清楚它的积分回路是怎样的。

我们可以看到要真正理解黑洞的熵以及黑洞辐射还有很长的路要走，希望在不久的未来人们可以揭开黑洞的神秘面纱。

参考文献

[1]   SCHWARZSCHILD K. Über das gravitationsfeld eines massenpunktes nach der einsteinschen theorie[J]. Sitzungsberichte der Königlich Preussischen Akademie der Wissenschaften, 1916, 7: 189–196.

[2]   ABBOTT B P, ABBOTT R, ABBOTT T, et al. Observation of gravitational waves from a binary black hole merger[J]. Physical Review Letters, 2016, 116 (6): 061102.

[3]   AKIYAMA K, ALBERDI A, ALEF W, et al. First M87 event horizon telescope results. I. The shadow of the supermassive black hole[EB/OL]. (2019-04-10) [2023-09-05].

[4]   HAWKING S W. Black hole explosions?[J]. Nature, 1974, 248 (5443): 30–31.

[5]   WERNER I. Event horizons in static vacuum space-times[J]. Physical Review, 1967, 164 (5): 1776–1779.

[6]   SHANNON C E. A mathematical theory of communication[J]. Bell System Technical Journal, 1948, 27 (3): 379–423.

[7]   VON NEUMANN J. Mathematical foundations of quantum mechanics[M]. Princeton: Princeton University Press, 1955.

[8]   PAGE D N. Information in black hole radiation[J]. Physical Review Letters, 1993, 71 (23): 3743–3746.

[9]   PENINGTON G. Entanglement wedge reconstruction and the information paradox[J]. Journal of High Energy Physics, 2020(9): 1-84.

[10]   SHINSEI R, TADASHI T. Holographic derivation of entanglement entropy from AdS/CFT[J]. Physical Review Letters, 2006, 96(18):

181602.

[11]　　ALDACENA J M. The large-N limit of superconformal field theories and supergravity[J]. International Journal of Theoretical Physics, 1999, 38(4): 1113-1133.

[12]　　RACOREAN O. Spacetime manipulation of quantum information around rotating black holes[J]. Annals of Physics, 2018, 398: 254-264.

张海青，北京航空航天大学空间与环境学院副教授、博士生导师。主要研究领域为相对论、引力与宇宙学。在引力全息原理方面做了许多有意义的工作，主要集中在全息凝聚态物理领域。研究兴趣主要集中在利用引力全息原理研究非平衡态物理，尤其在全息 Kibble-Zurek 机制方面做了一定的创新性工作，发现了全息非平衡态过程中拓扑缺陷的各种产生机制。

地球磁层：
人类生存环境的安全卫士

北京航空航天大学空间与环境学院

符慧山

宇宙空间是一个由等离子体组成的、具有高能辐射的危险空间[1]（见图 1），宇宙中存在着大量的高能粒子和高能射线等。高能粒子和高能射线来源于黑洞、中子星、白矮星、超新星等。它们的产生源于磁重联、波粒相互作用、磁流体激波等基本物理过程。宇宙空间中的高能粒子和高能射线对人类的生存环境构成了威胁，是人类探索太空和开发、利用太空的"拦路虎"。

图 1　危险的宇宙空间

离我们最近的恒星是太阳。它给地球提供了光和热，从而使地球孕育了灿烂的人类文明。地球上绝大部分的能量都来自太阳，可以说"万物生长靠太阳"。然而，太阳在给我们提供光和热的同时，也产生了大量的高能辐射和高能粒子（见图 2）。例如，太阳光球层的耀斑会产生全波段（从无线电波至伽马射线）的电磁辐射；太阳低纬冕洞区的冕流可以携带高速太阳风并向整个太阳系空间传输；太阳日冕层的日冕物质抛射会喷射出大量高能物质并向行星际空间传输。据估计，一次大耀斑释放的能量高达 10^{25}J；一次大的日冕物质抛射可抛出 10 亿吨物质，速度最高可达 2000km/s，抛出的物质在太阳附近的尺度经常比行星还大。在太阳活动峰年，平均每天有数次耀斑释放和数个日冕物质抛射发生。太阳耀斑、日冕物质抛射，以及冕洞区产生的高能粒子会给人类的生存环境带来很大威胁。相较于超高能宇宙射线和伽马射线暴，太阳高能粒子对行星环境的影响更显著，因为它和行星的距离更近。

图2　太阳既提供了光和热，也产生了大量高能辐射和高能粒子

宇宙空间中有非常多的行星（包括太阳系内的行星和太阳系外的行星），然而大部分的行星都不宜居，无法提供人类生存所必需的基本要素。简单来说，宜居行星应具备如下要素：（1）行星所围绕的恒星不能太大（过大的恒星会放出大量的辐射）；（2）行星所围绕的恒星不能太小（否则行星需要靠得非常近才能达到合适的温度，靠太近会导致潮汐锁定）；（3）行星所围绕的恒星必须非常稳定；（4）行星必须在宜居带内；（5）行星所围绕的恒星必须是单星，或者至少离其他伴星非常远（不然行星轨道会被扰动，一会儿"贴"到太阳上，一会儿"跑"到天边）；（6）外层轨道上最好有几个大行星充当"保镖"（如太阳系里的木星、土星拥有强大的引力，使小行星或者彗星撞向自己，从而让近日行星处于相对安全的宇宙环境中）；（7）行星必须是类地岩石行星；（8）行星表面重力必须和地球差不多；（9）行星大气层气压必须和地球差不多；（10）大气层成分与地球接近；（11）地壳活动不能太剧烈；（12）有强力的"保护伞"（必须有磁层保护）。最后一个要素非常重要。换句话说，宜居行星必须具备一个很强的磁层。事实上，在太阳系中，火星、金星与地球比较相似（见图3）：三者具有相近的大小、相近的公转轨道和公转周期，都位于太阳系的宜居带内，都拥

有大气层，但因为火星和金星没有一个很强的磁层，这导致火星和金星成了非宜居行星。由此可见，磁层是行星宜居的一个重要前提条件，或者说磁层是人类生存环境的安全卫士。

图 3　太阳系行星示意

地球磁层

地球存在一个很强的磁层[2]，磁层在太阳一侧的边界（称为磁层顶）与地心的距离约为 10 个地球半径，磁层在背离太阳一侧的边界（称为磁尾）与地心的距离达数百个地球半径。因此，地球磁层的形状是扁长的（见图 4）。地球磁层的形状与它的形成原因有关。简单来说，地球磁层是地球内部的"发电机"与外界的行星际磁场相互作用的结果。地球的外核是液态且导电的，在地球自转的作用下，外核会产生一个环向电流，该环向电流随即产生一个偶极磁场。地球偶极磁场的磁矩 $M=7.98 \times 10^{22} \mathrm{A} \cdot \mathrm{m}^2$，偶极轴与地球自转轴的夹角约为 11°。行星际磁场的形成主要源于太阳对流区的发电机效应，该磁场和太阳风等离子体裹挟在一起（形成一种"磁冻结"现象），并被太阳风输送到行星际空间以及地球空间。地球偶极磁场强度（B）在地表约为 $6 \times 10^{-5} \mathrm{T}$。在磁层顶附近，偶极磁场强度约为 $6 \times 10^{-8} \mathrm{T}$；在磁尾附近，强度约为 $2 \times 10^{-8} \mathrm{T}$。

带电粒子在磁场中会受到洛伦兹力的作用，因此带电粒子不能横越磁力线。原则上，宇宙空间中的高能粒子和太阳爆发所产生的高能粒子都是带电粒子。当这些带电粒子运动到地球附近的时候，强大的地球磁层会使它们发生偏转（见图 4），从而让这些高能粒子无法直达地球表面。

因此，磁层很好地保护了地球上的人类和其他物种免受太阳高能粒子和宇宙空间高能粒子的"轰击"，使地球成为一个宜居、鸟语花香的星球。宇宙空间再危险、太阳活动再剧烈，地球上的环境也不会受到显著影响，可谓是"任尔东西南北风，我自岿然不动"。因此，人类之所以能在地球上愉快地生活，是因为磁层在守护着我们。

可以预见，如果没有地球磁层的保护，太阳高能粒子和宇宙空间高能粒子将可以直接"轰击"地球表面。随之而来的后果有中性大气电离、中性大气逃逸、海洋干涸、温度上升、昼夜温差扩大，最终导致物种灭绝。根据科学家对火山灰和岩浆的研究，在距今 400 万年前，地磁场曾发生倒转。在地磁场倒转的过程中，磁场强度很弱，磁层基本消失。这一时间正好与地球上物种大灭绝的时间吻合。此外，对火星地质和土壤的分析结果显示，火星在形成早期可能存在一个较强的磁层，也存在生命。当火星的外核固化之后，火星的固有磁层随之消失，火星成为一颗非宜居行星。以上例子清楚地表明了磁层是人类生存环境的安全卫士。

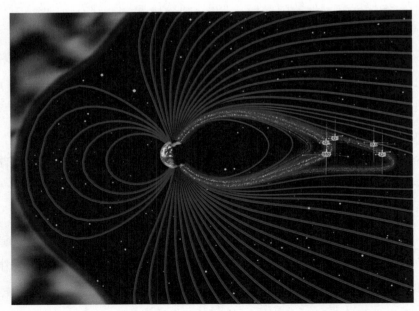

图 4　地球磁层阻挡了来自宇宙空间的大部分高能粒子

地球磁层中的常见现象和物理过程

作为人类生存环境的安全卫士，地球磁层一直都是"兢兢业业、尽忠职守"的。但有的时候，地球磁层的防卫会出现"薄弱环节"。例如，当行星际磁场方向变为朝南的时候，行星际磁场和地磁场呈现反平行的拓扑形态。这会导致磁重联过程在磁层顶发生（见图 5）。通过日侧磁层顶磁重联过程，一部分太阳高能粒子和宇宙空间高能粒子沿着磁力线被直接注入日侧电离层；另外一部分太阳高能粒子和宇宙空间高能粒子则被携带到地球磁尾（沿着图 5 中红色箭头所示的路径），在磁尾再一次发生磁重联并形成偶极化锋面，随后高能粒子被偶极化锋面加速并注入地球内磁层的环电流和辐射带区域。

以上过程构成了一个完整的磁层能量传输链条，被空间物理学家称为"Dungey 循环"[3]。它包含 4 个关键环节，即磁层顶磁重联（能量注入）、磁尾磁重联（能量注入）、偶极化锋面（能量传输）形成、波粒相互作用（能量耗散），如图 5 所示。换句话说，当人类的安全卫士累了，地球磁层的防卫能力便会下降。同时，太阳高能粒子和宇宙空间高能粒子会经由上述 4 个环节入侵地球空间，进而产生一系列的空间物理现象。

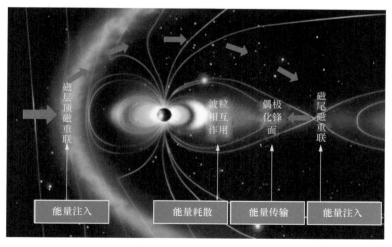

图 5　地球磁层中能量的注入、传输和耗散过程

　　具体来说，在第一个环节，当日侧磁层顶磁重联发生时，太阳高能粒子和宇宙空间高能粒子会沿着磁力线注入日侧电离层，在轰击电离层的中性大气后形成日侧极光。在第二和第三个环节，当夜侧磁尾磁重联发生和偶极化锋面形成时，高能粒子被加速并沿着磁尾的磁力线注入夜侧电离层[4]，在轰击电离层的中性大气后形成夜侧极光（见图 6）。由于夜侧磁尾所注入的粒子比日侧磁层顶注入的粒子更多[5]，夜侧极光通常比日侧极光更明亮；同时，由于夜侧磁尾的动力学比日侧磁层顶的动力学过程更复杂，夜侧极光通常比日侧极光更漂亮。在第四个环节，当一部分高能粒子注入地球的内磁层之后，它会导致地球环电流显著增强，并造成磁暴现象，随后造成地磁场的水平分量显著降低并在地表形成感应电流；注入内磁层的高能粒子还会成为范艾伦辐射带的种子电子，并在该区域被进一步加速到相对论能量水平；注入内磁层的高能粒子还会和当地的等离子体波发生波粒相互作用，并使高能粒子沉降到电离层，引发电离层加热现象，并导致电离层电导率发生改变。

图 6　由磁尾磁重联和偶极化锋面激发形成的夜侧极光

　　总结一下，地球磁层中的常见物理过程有：磁重联（反平行的两根磁力线相互靠近、断裂并重新连接的过程[6]）、波粒相互作用（等离子体波的电矢量加速或减速高能粒子的过程，包括回旋共振、朗道共振、漂移共振、弹跳共振、漂移弹跳共振）、粒子约束（高能粒子和宇宙射线被约束在偶极磁场中的过程，和托卡马克装置约束聚变等离子体的原理类似）、粒子沉降（高能粒子沿着磁力线从磁层沉降到电离层的过程）等。地球磁层中的常见现象有：磁暴（高能粒子注入内磁层之后引起环电流增强，进而导致地磁场减弱的现象）、亚暴（磁尾高能粒子加速后顺着磁力线运动到电离层并在电离层产生北极光和南极光的现象）、偶极化锋面（磁场从尾状迅速变成偶极磁场且伴随高能粒子加速的现象）、磁层 - 电离层耦合（磁层和电离层之间的物质、能量、电流和波动传递的一种现象）等。

地球磁层与航空航天活动的联系

地球磁层是众多人造卫星的运行空间，同时也是人类航天器进入外太空开展深空探测的必经之路，因此地球磁层和人类的航空航天活动密切相关。通常情况下，地球磁层是非常平静的，阻挡了来自太阳和宇宙空间的大部分高能粒子，使地球成为一个相对安全的区域（见图7）。然而，在极端条件下，地球磁层变得非常活跃且充满能量，这些能量会损坏人造卫星、威胁航天员人身安全、加热电离层和高层大气、制造电离层不均匀体、影响极区商业航空、破坏地表输油管道和高压输电线路，从而给人类的航空航天活动和国民经济带来严重损失（见图7）。

具体来说，人造卫星（下文简称卫星）损坏的主要原因体现在高能粒子、中能粒子、高层大气加热3个方面：（1）高能粒子轰击卫星可以造成"单粒子反转效应"，使卫星的电子元件发生逻辑故障并输出错误信号，从而使卫星无法正常工作，高能粒子还能使卫星材料老化，从而显著缩短卫星的使用寿命；（2）中能粒子的数量较多，因此当它轰击卫星时，能够让卫星的表面和太阳能帆板带上大量电荷，从而影响卫星的测量精度、缩短卫星的使用寿命；（3）高层大气加热能够造成大气密度和等离子体密度的显著上升，从而增加卫星运行时的阻力，使卫星的运行高度降低并最终坠落到大气层内。航天员受到的威胁主要来自高能粒子：当高能粒子打到航天员时，航天员体内的 DNA 双螺旋结构会被破坏，可能诱发癌变。电离层不均匀体的产生会改变电波在电离层中的传播路径，从而干扰地面与太空之间的通信渠道，进而影响 GPS 和北斗卫星导航系统的稳定性。极区商业航空则会受到高能粒子沉降的影响：高能粒子在极区可以顺着磁力线沉降到地表上空20km 甚至 15km 的高度，这部分粒子可以打到飞越极区的航班上，并对旅客的健康造成危害。地表输油管道和高压输电线路遭受的破坏主要归咎于内磁层中的环电流：当环电流显著增强（发生磁暴）时，环电流会引起地磁场的变化，这个变化的磁场将随之产生一个感应电流，该电流的频率很低（近乎直流电），对地表输油管道产生电化学腐蚀，并烧坏高压输电线路上的交流变压器。

图 7　平静时期的地球磁层与极端条件下的地球磁层

地球磁层与空间天气预报

当人类生存环境的安全卫士——地球磁层的防卫能力下降时，太阳高能粒子和宇宙空间高能粒子便会"撕破"地球的这件"防护衣"，进入磁层内部，并给人类的航空航天活动和国民经济带来损失。因此，为了对人类的生产生活进行更好的保护，有必要对磁层的防卫能力进行评估，同时也有必要对"防护衣"何时被"撕破"进行预报。这就是空间天气预报的职责和使命所在。空间天气预报的目的是告诉人们磁层何时是安全的、何时是危险的、磁层的危险程度如何，并最终为人类的航空航天活动和国民经济建设提供服务。

通常来说，空间天气预报的基本要素包括 Dst 指数、Kp 指数和 AE 指数。其中，Dst 指数主要用来监测地磁场的水平分量的变化值，它反映了磁层中环电流的强弱以及磁暴活动是否发生[7]。通常情况下，Dst 指数显著下降表明磁层中正在发生磁暴活动。该指数对于预防地表输油管道的电化学腐蚀以及高压输电线路的交流变压器破坏具有十分重要的意义。Kp 指数主要用来监测中纬度地磁场扰动的剧烈程度，它反映了磁层对流的强弱程度。Kp 指数介于 0 和 9 之间，一般来说，Kp 指数小于 3 意味着磁层很平静，Kp 指数在 3 和 6 之间意味着磁层存在中等强度的对流，Kp 指数大于 6 意味着磁层存在很强的对流。该指数对于宇宙空间粒子辐射剂量的监测和航空航天活动发射窗口的选择具有重要的意义。AE 指数主要用来监测极区地磁场的变化值，它反映了磁层中亚暴活动的强弱以及磁层 - 电离层耦合的强度。AE 指数越大，亚暴活动越强，反之，亚暴活动越弱。通常情况下，AE 指数大于 25nT 意味着磁层中发生了一次亚暴活动。该指数对于极光活动的预报和极区商业航线的风险评估具有重要意义。通常情况下，Dst 指数由地表的低纬度地磁台站提供，Kp 指数由地表的中纬度地磁台站提供，AE 指数由地表的高纬度地磁台站提供。

地球磁层研究前沿

地球磁层的研究始于 20 世纪 50 年代，即 1957 年人类进入太空时代之后。经过半个多世纪的发展，人们对地球磁层的认识有了很大程度的提高。当前，地球磁层的研究可以概括为空间天气和空间等离子体物理两个方向。空间天气的研究主要包括太阳风 - 磁层 - 电离层耦合过程以及空间天气预报；空间等离子体物理的研究聚焦磁层能量传输链条，研究方向包括磁重联、偶极化锋面和范艾伦辐射带。

磁层物理是一门实验学科，同时也是一门"昂贵"的学科。为了揭示磁层物理研究中的各个关键问题，科学家通常需要借助卫星平台来开展实验。具体来说，为了对空间天气进行精确预报，美国国家航空航天局（National Aeronautics and Space Administration，NASA）发射了 ACE 卫星；为了揭示磁重联的电子尺度特性以及触发和演化过程，NASA 实施了 MMS 卫星计划；为了揭示磁层亚暴的发生发展机理以及偶极化锋面的跨尺度特性，NASA 实施了 THEMIS 卫星计划；为了揭示辐射带高能粒子的生成和损失机理，NASA 实施了 RBSP 卫星计划。通常情况下，磁层物理的每一个卫星计划都需要大量科学家花费数年的时间来论证，因此卫星计划的研究主题往往被认作地球磁层的前沿研究领域。

当前难题及未来探测计划

在地球磁层的前沿研究领域，还有许多尚未解决的难题：（1）关于磁重联，人们不知道磁重联有哪些固有特征，不知道磁重联是否必须包含霍尔磁场，不知道磁重联如何把磁能转换为粒子动能，不知道磁重联的能量转换效率为何如此之高，不知道磁重联如何加速电子，不知道磁重联在什么地方加速电子，不知道磁重联是否一定会加速电子，不知道磁重联具有什么样的三维特性，不知道磁重联和引导场有什么样的关系，不知道引导场假说是否正确，不知道磁重联和湍流的具体关系如何；（2）关于偶极化锋面，人们不知道偶极化锋面的空间尺度有多大，不知道偶极化锋面的形成机制是什么，不知道偶极化锋面是否会造成交换不稳定性，不知道偶极化锋面和磁洞有什么联系，不知道偶极化锋面和亚暴电流楔有什么关系，不知道偶极化锋面和电离层电流有什么关系，不知道偶极化锋面是否和极光直接相关，不知道偶极化锋面加速电子的效率有多高，不知道偶极化锋面传输的能量如何分配；（3）关于波粒相互作用和湍流过程，人们不知道波粒相互作用发生的主要位置，不知道波粒相互作用的空间尺度有多大，不知道波粒相互作用是线性的还是非线性的，不知道波粒相互作用的能量耗散效率有多高，不知道回旋共振和朗道共振是否会同时发生，不知道回旋共振和朗道共振是否会互相影响以至无法获取低频等离子体波的色散关系；（4）关于太阳风 - 磁层 - 电离层耦合，人们不知道 KH 涡旋的空间尺度有多大，不知道 KH 涡旋如何演化，不知道 KH 涡旋的生存时间有多长，不知道 KH 涡旋形成的具体位置，不知道 KH 涡旋转换能量和磁重联转换能量的效率哪个更高，不知道场向电流和电离层电流的定量关系，不知道 Alfven 波在磁层 - 电离层耦合中的具体作用。

为了解决这些难题，国际上已制订了一系列的卫星探测计划。例如，为了揭示磁重联的固有特征和跨尺度特性，我国科学家提出了"磁重联自适应探测计划"[8]；为了揭示波粒相互作用和湍流过程，欧洲空间局提出了"Plasma Observatory"卫星探测计划；为了揭示太阳风 - 磁层 - 电离层耦合的关键过程和重要环节，中国科学院和欧洲空间局联合提出了"微笑"卫星计划[9]。

结语

磁层是地球的最外层，是人类生存环境的安全卫士。地球磁层不仅阻挡了来自太阳和宇宙空间的大部分高能粒子，给人类提供了一个宜居的环境。同时，地球磁层还是一个天然的等离子体实验室，为人类探索更远的天体提供了参考价值和宝贵经验。地球磁层和人类的航空航天活动以及国民经济建设密切相关，探索磁层可以更好地服务于航空航天和国民经济建设。让我们一起认识磁层、探索磁层、了解磁层并利用好磁层。

青年拔尖人才说量子与空间（第一辑）

参考文献

[1]   ALFVÉN H. The plasma universe[J]. Physics Today, 1986, 39(9): 22-27.

[2]   RATCLIFFE J. An introduction to the ionosphere and magnetosphere[M]. New York: Cambridge University Press, 1974.

[3]   DUNGEY J. Interplanetary magnetic field and the auroral zones[J]. Physical Review Letters, 1961, 6(2): 47-48.

[4]   FU H S, KHOTYAINTSEV Y V, VAIVADS A, et al. Energetic electron acceleration by unsteady magnetic reconnection[J]. Nature Physics, 2013, 9(7): 426-430.

[5]   CAO J B, MA Y D, PARKS G, et al. Joint observations by cluster satellites of bursty bulk flows in the magnetotail[J]. Journal of Geophysical Research: Space Physics, 2006, 111(A4).

[6]   YAMADA M, KULSRUD R, JI H. Magnetic reconnection[J]. Reviews of Modern Physics, 2010, 82: 603-664.

[7]   GONZALEZ W, JOSELYN J, KAMIDE Y, et al. What is a geomagnetic storm?[J]. Journal of Geophysical Research, 1994, 99(A4): 5771-5792.

[8]   DAI L, WANG C, CAI Z, et al. AME: a cross-scale constellation of cubesats to explore magnetic reconnection in the solar-terrestrial relation[J]. Frontiers in Physics, 2020, 8: 89.

[9]   WANG C, BRANDUARDI-RAYMOND G. Progress of solar wind magnetosphere ionosphere link explorer (SMILE) mission[J]. Chinese Journal of Space Science, 2018, 38(5): 657-661.

符慧山，北京航空航天大学空间与环境学院教授、博士生导师、副院长，空间环境监测与信息处理工业和信息化部重点实验室副主任，国家杰出青年科学基金获得者（2021 年），中国空间科学学会空间物理专业委员会副主任。研究方向为空间物理、行星物理、空间技术开发应用，以第一作者身份发表 SCI 论文 24 篇，其中引用次数大于 100 次的有 11 篇，入选爱思唯尔"中国高被引学者"（2020—2023 年）、全球前 2% 顶尖科学家榜单 (2023 年)。研究成果多次被评为欧洲空间局和美国地球物理学会的"亮点成果"，并因此获得欧洲空间局颁发的"CLUSTER"计划突出贡献奖。

看不见的危险：
空间粒子辐射

北京航空航天大学空间与环境学院

刘文龙　张典钧

概述

极光是发生在地球高纬度地区的大气发光现象（见图1），我们常常被绚丽的极光所震撼。最早的极光观测证据可追溯到中国西周时期的古籍《竹书纪年》，在周昭王统治末期的某个夜晚，北方夜空中曾出现疑似极光的"五色光"。除此之外，我国大量的史书中也存在很多关于观测极光的记载，当时还没有"极光"这一名称，由于这种光看起来像是气态的，于是当时的人们按照发光颜色的不同，在史书中将这种光记载为赤气、白气等。

图1　极光摄影作品

在现在的理解中，来自磁层和太阳风的带电粒子被地磁场导引进入地球大气层，并与高层大气（热层）中的原子碰撞造成的发光现象就是极光。从第一次观测到极光至今，我们对它背后的产生机理的理解随时间发生了变化。

1619年，伽利略以曙光女神欧若拉的名字为极光命名并沿用至今，最开始认为极光是蒸气反射的太阳光。1859年，英国天文学家卡林顿通过观测太阳黑子数量随时间的变化与地磁活动的关系，推测两者之间存在密不可分的联系。1878年，贝克勒尔推测太阳发射的高能粒子沿地磁场进入极区大气，从而形成了极光。1902—1903年，伯克兰在第三次极地远征中观测到极光发生期间沿地磁场方向分布的强大电流，并根据贝克勒尔的推测认为这些带电粒子来自太阳。挪威数学家和空间物理学家斯托默通过研究地球偶极磁场内的带电粒子的运动方式发现，来自太阳的高能粒子似乎不能长驱直入地球高纬大气，而是被地磁场束缚，因此得出结论，导致极光产生的高能粒子似乎并非来自太阳，而是另有出处。

随着查普曼和费拉罗提出的考虑了太阳风与地磁场边界的模型的问世，磁层的概念逐渐得到建立和完善。在这个模型中，地磁场能够抵御太阳发射的高能粒子，在地球附近形成一个足够大的空腔，这个空腔包含丰富的等离子体，为极光的产生提供充足的条件。邓基提出的开放磁层模型（见图2）中，太阳风磁场和地球自身磁场发生重联，磁尾通过磁重联向地球方向爆发高速等离子体流动。由于磁尾的磁力线在太阳风的作用下处于拉伸状态，因此它携带的高能粒子容易沿着磁力线进入极区大气。这一过程的剧烈程度会受到太阳活动的影响，这可以解释太阳活动周对极光活动的影响。

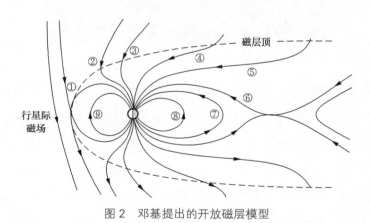

图2　邓基提出的开放磁层模型

几代科学家从研究极光开始，逐步建立起地球磁层模型，并逐渐认识到我们赖以生存的地球被磁层保护，从而不受太阳风的"侵害"。可以说，极光的发现让人类得以窥见空间高能粒子的存在以及它们的输运过程。

空间粒子辐射的发现

20 世纪 50 年代开始，人类对磁层已经有了一定的认识，并且开始了首次近地空间探测。1958 年 1 月 31 日，美国的"探险者 1 号"人造卫星发射上天。这个探测器搭载了能够探测高能粒子的盖格计数器，其作用原本是探测从外太空发射的宇宙射线。然而，返回的数据令人费解：在低轨道区域，高能粒子的数量接近预期值，但在高轨道区域，仪器根本就没有计数。这让领导"探险者 1 号"任务的范艾伦感到十分困惑，但是他在同年 3 月的"探险者 3 号"返回的数据中找到了答案。卫星搭载的磁带记录仪的计数在低轨道区域是正常的，随轨道高度的增加迅速上升，达到了 128 这一极限值后突然下降到 0。范艾伦在实验室用类似的计数器证实，磁带记录仪有这样的信号是因为卫星探测到了数目极多的高能粒子。由于频繁接触高能粒子，计数器频繁放电，以至它不能在计数时恢复正常，无法触发计数电路。基于这一现象，人们首次发现在环绕地球的一定高度范围内分布着一大团高能粒子。由于这一区域的高能粒子有极强的辐射性，因此这部分区域被命名为辐射带。之后，为了纪念发现辐射带的范艾伦，辐射带被命名为范艾伦辐射带[1]。

随着美国"探险者 4 号"和苏联的人造卫星上天，人们对辐射带的认识逐步加深。卫星观测数据表明，辐射带的空间结构实际上是双带结构，它具有一个由高能（通常为几十兆电子伏特或更高）质子主导的内辐射带、一个由高能（通常是 $1 \sim 10\text{MeV}$）电子主导的外辐射带以及两者之间的能量不太高的槽区（见图 3），因此就有了内辐射带和外辐射带的概念。同样，在其他主行星，例如木星、土星以及天王星的探测数据中，也发现了辐射带。

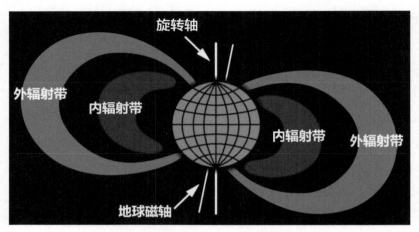

图 3　地球辐射带空间结构示意

　　利用"探险者 4 号"和苏联人造卫星的数据正确地解释了辐射带的空间结构之后，科学家又对辐射带起源及高能粒子来源产生了疑问。1958 年 7 月，苏联科学家韦尔诺夫和列别金斯基提出了中子衰变机制，当宇宙射线轰击地球大气层时，可能产生核反应，产生中子，随后中子衰变为电子和质子，然后被地球的磁场捕获，这是解释辐射带高能粒子来源的第一个物理机制。在辐射带被发现后的几个月，美国科学家辛格提出了一个类似机制，这个机制能够解释高能质子主导的内辐射带的起源，但是似乎不能解释高能电子主导的外辐射带的起源。之后的研究显示，外辐射带尤其是处于地球同步轨道高度区域的高能电子的通量变化十分频繁、剧烈。同时，外辐射带高能电子的加速和损失等动力学问题受到太阳活动的严重影响。

　　直到 20 世纪 90 年代，人们通过联合释放和辐射效应卫星（Combined Release and Radiation Effects Satellite，CRRES）、太阳异常和磁层粒子探测器（Solar，Anomalous and Magnetospheric Particle Explorer，SAMPEX）等航天器发现了辐射带快速粒子加速和损失现象，以及由日冕物质抛射引起的行星际激波撞击地球磁层所产生的高能电子（大于 10MeV）通量事件。在此之前，中子衰变一直被认作内辐射带形成的唯一机制。1991 年 3 月，在发生日冕物质抛射事件期间，CRRES 观测数据显示相对论电子的通量急剧增大，这说明太阳活动可以使地球辐射带的高能粒子增多，并且可以将高轨道的高能电子注入内辐射带。之后的许多研究也发现，辐射带电子通量大小其实与太阳活动周有密切关系。并且，宇宙射线产生的中子衰变导致辐射带形成的机制似乎不足以解释当时发射的航天器返回的相关数据。21 世纪初，人们开始意识到需要执行新的、先进的卫星任务来进一步解释辐射带的动力学机制。

2012 年，NASA 启动了辐射带风暴探测器任务，后来改名为范艾伦探测器任务。这项双卫星探测器任务旨在探索辐射带的空间结构和动态变化。不同于之前发射的 CRRES 和 SAMPEX，范艾伦探测器搭载的粒子探测仪的能量上限达到了 7MeV 这一超相对论能级。发射之后，粒子探测仪很快就发现辐射带的第三带结构，这进一步揭示了辐射带的空间结构所具有的动态特征。在这之后，范艾伦探测器的数据成为广大研究人员宝贵的研究数据，为加深人们对辐射带的理解做出了重要贡献。接下来我们结合范艾伦探测器最新的研究结果，进一步说明辐射带高能粒子的来源[2]。

辐射带高能粒子的来源

早在 1970 年，罗西和奥尔伯特通过理论计算证明，高能粒子能被地磁场稳定捕获，这为辐射带的稳定形成提供了理论依据。随着理论不断完善，人们认识到高能粒子之所以能够限制在一定的空间范围内，和空间粒子在偶极磁场中的 3 种运动有着密不可分的关系。对于存在地球内磁层中的近似偶极磁场，在非干扰条件下的粒子会发生 3 种准周期运动（见图 4），每一种都与一个绝热不变量和相应的空间、时间特征尺度有关。这 3 种运动分别是，围绕磁力线的回旋运动、沿磁力线方向的弹跳运动，以及由磁场强度的径向梯度导致的环绕地球的漂移运动，这 3 种运动分别对应磁矩不变量、纵向不变量和磁通不变量这 3 个绝热不变量。1974 年，舒尔茨和兰泽罗蒂通过理论计算，将带电粒子群在地磁场中的漂移和弹跳运动所形成的轨迹定义为漂移壳（L-shell），以方便描述被地磁场捕获的带电粒子的运动情况。基于经典物理对辐射带高能粒子的运动学问题展开理论计算和讨论，是后人进行相关研究的基础。

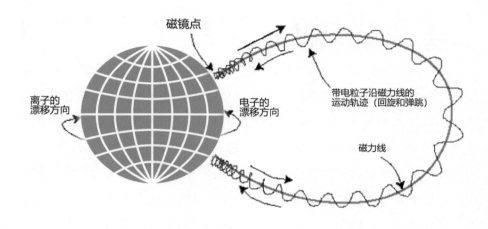

图 4　粒子在地磁场的运动示意图

长期以来，超低频波（Ultra-Low Frequency Wave，ULF Wave）导致的径向扩散可用来解释高能电子加速或注入的运动机制。当辐射带存在频率为 Pc-5（1.67 ～ 6.67mHz）这一范围的超低频波，两个（磁矩和纵向）绝热不变量在外辐射带会被保留，第三（磁通）绝热不变量在波动的作用下会被破坏。这是因为超低频波波动的周期远大于带电粒子的回旋和弹跳周期，与粒子的漂移周期相当。它的效果是高能粒子会沿着径向方向向内或向外扩散，随即粒子获得或失去能量。超低频波可以基于等离子体或者波粒相互作用的不稳定性产生，或者来自太阳风动压的变化以及前兆激波的瞬态结构。值得注意的是，超低频波驱动的粒子径向扩散在本质上是随机的，因为内磁层真实的超低频波很少是单色的，而且其跨越了不同的频段。同时，径向扩散给高能粒子带来的能量以及输运上的变化实际上是长时间积累的结果。内磁层中的超低频波功率与高能粒子加速之间存在着直接关联，超低频波可以通过两种不同的机制加速辐射带高能粒子：一是向内的径向扩散，二是漂移 - 共振相互作用。第一种机制可以用数小时或更长的时间加速外辐射带电子；在第二种机制中，当超低频波的周期与电子的漂移周期相匹配时，电子可以和该频率的超低频波发生共振，相对第一种机制，这一过程的时间较短。

太阳风的行星际激波会影响空间天气过程，可以对辐射带和等离子体层内部的相对论电子进行极快加速。行星际激波通常伴随日冕物质抛射产生。太阳风的行星际激波沿途"扫荡"行星际磁场，将大量的粒子和能量带到地球轨道上。高速太阳风对磁层这一地球的保护屏障进行了一次冲击，就如同用手大力击打一个水球，从而导致从太阳风和磁层的接触边界发射出一个强大的磁声波脉冲，以接近 1000km/s 的速度向地球磁尾方向传播。这个脉冲会导致内磁层内部磁场增强，同时会感生出高强度的电场，这个电场的方向与高能粒子的漂移方向相同或相反，会使高能粒子尤其是相对论电子获得加速。脉冲发射之后有时会产生一定幅度和持续一段时间的超低频波，因此高能粒子也能与超低频波发生共振。脉冲的持续一段时间为 100s 左右，波动周期也大致相同，这样的持续时间打破了第二（纵向）和第三（磁通）绝热不变量，却保留了第一（磁矩）绝热不变量。行星际激波加速机制与其他的电子加速机制最大的不同在于，可以做到在短时间内向辐射带的槽区注入大量相对论电子[3]。

除了超低频波，合声波也对辐射带高能粒子有明显的加速作用。合声波在无线电物理学中属于甚低频波（Very Low Frequency Wave，VLF Wave）。在无线电通信中，人们接收来自太空的甚低频信号，它听起来像鸟鸣，这种信号被命名为合声波。然而，不同于超低频波的加速，合声波的加速是局地加速。在这样的加速过程中，既需要有使波动增长的能量源，也需要有一群能量较高的种子电子。由于合声波的持续时间小于粒子的回旋周期，因此合声波的加速属于非绝热加速。在合声波的加速过程中，需要源电子（能量为几十千电子伏特）和种子电子（能量为几百千电子伏特）来驱动合声波，并为电子加速提供基础条件。种子电子和源电子通常是来自等离子体片中的低能粒子，通过磁层亚暴引发的从磁尾到地球方向的高速流被注入环电流或辐射带的位置。源电子的能量可以通过非线性过程被转换为合声波的能量，进而加速种子电子。当源电子产生足够强且持续时间足够长的合声波时，种子电子同样也可以被加速到相对论能级。种子电子在相对论电子增强事件中的关键作用是范艾伦探测器最重要的发现之一。杰恩斯等人观测到了与相对论电子增强事件有关的条件（如合声波活动和太阳风动压扰动），但其中的相对论电子通量保持在较低水平。一些研究人员也利用 VAP-A 星（MagEIS）的测量数据来证明种子电子和相对论电子之间的基本关系。

辐射带电子损失会影响电子通量增大的速度以及程度，因此除了加速过程以外，辐射带高能粒子的损失也是空间环境方面非常值得研究的物理过程。一种重要的损失过程是，内磁层的高能粒子可以以沉降的方式进入极区大气层。不同频率的波粒相互作用叠加，可以驱动相对论和超相对论电子和质子的投掷角散射，这可能导致部分或全部投掷角的粒子损失。主要有 3 种波模可以通过投掷角散射的方式造成内磁层中绝大部分的高能粒子损失：合声波可以与低能（30keV）电子相互作用，将它们散射到损失锥中，从而在极区上空产生弥散极光；嘶声波可以与多种能量的电子产生共振，但投掷角散射的时间尺度差别很大，而且嘶声波一般只存在于地球等离子体层内部或高密度的等离子体羽状结构内部；电磁离子回旋波在磁暴时期与高能（MeV）电子产生强烈的相互作用，并且 H^+ 带的电磁离子回旋波对高能电子有更强的散射效果，He^+ 带和 O^+ 带对能量更高的散射电子的散射效果显著。另一种损失过程是由于太阳风动压的变化使磁层被压缩，进而导致在高轨道漂移的电子撞击到磁层的外边界，从而造成辐射带电子的损失，这种过程被称为磁层顶的阴影效应 [4]。

可以说，范艾伦探测器上天刷新了人们对辐射带高能粒子的认知，进一步完善了辐射带高能粒子的加速机制。目前具有较大争论的问题是，在地球磁暴期间，超低频波径向扩散机制和合声波局地加速机制哪一个对高能粒子的加速贡献更大。大量的研究证明两种机制对加速的贡献都不可忽略，但是受制于观测手段，一直无法对这个问题提供确定的答案。未来可能需要对现有的磁层模型进行完善，比如在模型中将等离子体片和环电流等区域与辐射带进行有效耦合，可能会更好地再现磁层内的粒子输运过程，并且解答这一问题 [5]。

空间粒子辐射的效应

之所以要不断对辐射带的空间结构、动态变化趋势以及高能粒子的来源进行更深入的了解，是因为辐射带会对航天活动和人类生活造成各种各样的影响。从辐射带的发现到现在关于范艾伦探测器运行和探测的一系列研究，我们认识到，地球周围环绕着大量的高能粒子，能量上限可以达到相对论量级。甚至在 20 世纪 50 年代末，在人们知道辐射带存在之前，来自加利福尼亚州利弗莫尔实验室的研究人员就猜测，地磁场可以束缚住大量的高能电子，并且建议可以在高空引爆核武器，将裂变产生的高能（MeV）电子束缚在地球周围的磁场中。早期，科学家就意识到地磁场可以束缚并储存巨大的能量，甚至设想过将其用于军事，而且现代研究也印证了辐射带储存了大量的相对论电子，可见空间粒子辐射所具有的巨大威力。

航天器暴露在强大的粒子辐射中会受到各种影响。第一种影响被称为单粒子翻转事件。太阳高能粒子和辐射带高能质子都可以在一个航天器的元件上大量沉积。同样，宇宙射线可以穿过电子元件并诱发衰变，导致电荷沉积。第二种影响被称为深层绝缘介质充电。能量为几百千电子伏特（最高可达几兆电子伏特）的电子可以穿透屏蔽层，并被藏进航天器子系统内电子元件的绝缘材料中。如果埋藏电荷的积累速度足够快，或者埋藏电荷的释放速度足够慢，就会产生强大的放电现象，这可能会对材料和敏感的电子元件造成损害。第三种影响被称为表面充电。如果空间系统受到热等离子体的影响，并且电子不能及时将电荷从航天器表面带走，航天器表面的某些部分会产生巨大的电荷积累。当电荷积累到足够多时，可能会有突然的放电，从而造成材料损坏以及在航天器周围产生重大的电磁干扰。这可能会导致仪器探测到干扰信号，甚至会对电子设备造成永久性损害。

在航天器的运行记录中，有许多由于空间天气影响而导致的异常和卫星彻底故障的例子，许多运行问题发生在南大西洋地区。地球表面磁场在南大西洋上空最弱，这是由地球内禀磁场的偏移、偶极轴的倾斜造成的。被地磁场束缚的高能粒子，特别是内辐射带的高能质子，在南大西洋上空的弱磁场地区最接近地球表面。这导致低地球轨道航天器有很大概率暴露在粒子能量和通量最大的地方，从而造成对航天器的损害。

结语

我们简单概括了从 20 世纪 50 年代辐射带的发现到现在的范艾伦探测器探测时期人们对辐射带的认识过程，并概述了几种重要的粒子加速机制以及空间粒子辐射对人类航天活动造成的影响。可以看到人类对辐射带的认识随着探测手段的进步而加深，人类对地球空间环境的认识也逐步加深。尤其在范艾伦探测器探测时期，人类在理解、模拟和控制辐射带电子的动态物理过程方面已经取得重大进展。即便如此，辐射带的相关问题仍未完全解决。在未来的工作中，倾向于定量研究空间粒子的加速过程，尤其是超低频波径向扩散机制和合声波局地加速机制的贡献，并且需要逐渐完善辐射带与磁层其他区域耦合的建模过程。加深对空间粒子的认识，可以防范空间粒子辐射对航天器的损害，辐射带的研究对航天领域的发展具有重要意义。

参考文献

[1]   CLAUDEPIERRE S G, BLAKE J B, BOYD A J, et al. The magnetic electron ion spectrometer: a review of on-orbit sensor performance, data, operations, and science[J]. Space Science Reviews, 2021, 217: 1-67.

[2]   BAKER D, PANASYUK M. Discovering earth's radiation belts[J]. Physics Today, 2017, 70(12): 46-51.

[3]   LI X, TEMERIN M A. The electron radiation belt[J]. Space Science Reviews, 2001, 95(1): 569-580.

[4]   LI W, HUDSON M K. Earth's Van Allen radiation belts: from discovery to the Van Allen probes era[J]. Journal of Geophysical Research: Space Physics, 2019, 124(11): 8319-8351.

[5]   DROZDOV A Y, BLUM Y W, HARTINGER M, et al. Radial transport versus local acceleration: the long-standing debate[J]. Earth and Space Science, 2022, 9(2): e2022EA002216.

刘文龙，北京航空航天大学空间与环境学院教授、博士生导师，2017 年入选国家级青年人才计划。研究领域为空间物理学和空间天气学，聚焦内磁层中的动力学过程，主要研究方向包括超低频波的激发机制、超低频波与带电粒子相互作用机制和内磁层粒子来源等。曾作为 PI 获得 NASA 日球层客座研究计划基金资助，获第 31 届国际无线电科学联盟大会青年科学家奖。

张典钧，分别于 2017 年和 2022 年取得北京航空航天大学学士与博士学位。研究领域为空间物理学和空间天气学，聚集内磁层中的动力学过程，主要研究方向为行星际激波下产生的大尺度电场及其对高能电子的影响。博士期间针对内磁层对行星际激波的电磁场响应完成了一系列研究工作，以第一作者身份在 *Geophysical Research Letters*、*The Astrophysical Journal* 等权威学术期刊发表论文 5 篇，2018 年发表在 *Geophysical Research Letters* 上的论文被评为"Featured Article"。

火星生命消失之谜：
生命关联元素的空间逃逸

北京航空航天大学空间与环境学院

吕浩宇　李仕邦　宋奕辉

地球是否是生命唯一的乐园？如果在茫茫宇宙中还有其他地方存在生命，它们又以何种形式存在？探寻地外生命从古至今都是人们津津乐道的话题。古希腊时期的思想家对于世界是否是多元的有争议，在中国古代神话故事中人们认为紫薇星与北斗星遥相映对的地方便是"天宫"的入口，苏轼在《月兔茶》中写道——环非环，玦非玦，中有迷离玉兔儿。他认为月亮中存在像兔子一般的生物。随着技术的发展和进步，我们对地外生命的探索逐步从天马行空的幻想向科学实践的路线转变，越来越多的视线投向了地球外有可能存在生命的地方——火星。

随着望远镜的广泛应用，人们观测到了火星表面交错纵横的特征，并将其认作河道与水流存在的证据。到 20 世纪初，"火星运河论"的传播达到巅峰。随后，人们对地外生命探索进入了太空时代，随着"水手号"与"海盗号"等火星探测器发回探测数据，人们被当头泼了一盆冷水——这里没有外星人，没有森林与河流，有的只是漫天的风沙，一片荒芜。但是果真如此吗？人们对火星生命的探索从未停止，值得庆幸的是，尽管可能与我们所熟知的生命形式大不相同，但人们仍乐观地相信，我们从这团乱麻中找到了火星生命存在的可能性。

人们对火星生命的追寻之路起起落落，如今揭开火星生命谜团已近在咫尺。让我们一起回顾探索火星的历史，一起认识我们的邻居——火星。

初识火星

1. 火星概况

基于测年法对火星陨石中的放射性物质进行测量，火星形成于约 45 亿年前，与太阳系中的其他行星相同，都是由太阳星云演化而来。火星是夜空中最亮的天体之一，因其颜色偏红、荧荧如火，曾被称为荧惑。

火星的体积远小于地球，直径约为地球的一半，表面积略小于地球陆地面积，其质量约为 6.42×10^{23}kg，约为地球质量的 10%。火星整体呈椭球形，以行星的质心为中心计算，火星的赤道半径约为 3396.2km，极半径略小于赤道半径，火星质心位置略偏向北极，因此从质心至北极点所测得的半径约为 3376.189km，至南极点所测得的半径约为 3382.580km。这种赤道膨胀、两极收缩的形态特征是由行星自转导致的，常见于自转速度较快的行星 [1]。

火星的公转轨道为椭圆形，公转周期约为 686.9 个地球日，轨道面与黄道面交角为 1.85°。火星目前的自转轴倾角为 25.19°，自转轴倾角会受到其他太阳系行星的引力摄动影响而不断变化，木星产生的影响最大。火星上的一个太阳日约为 24h39min35.244s，在太阳系行星中它与地球的太阳日最接近，自转方向自西向东，与地球相同。

虽然如今的火星不具有与地磁场类似的全球性偶极磁场，但研究显示，部分火星地壳含有岩石剩磁，这意味着火星曾经拥有与地球相同的全球性磁场，保护其大气不受行星际高能粒子的影响，为生命的存在提供条件。

2. 地表形态与地理特征

火星地表覆盖着一层风化层，由风化形成的岩石碎片与沙尘构成，其中含有大量氧化铁，使火星整体呈现橘红色，如图 1 所示。研究结果显示，火星地表的颜色可细分为 3 种：较为明亮的赭红色、暗灰色，以及处于两者间的过渡色。颜色的差异源于不同区域岩石组成成分及晶粒度的差异。通常较亮的区域存在沙尘沉积，而较暗的区域存在富铁的玄武岩成分。火星的两极覆盖有季节性变化的极地冰冠，主要组成成分为 H_2O 和 CO_2。极地冰冠不仅是火星上最大的水资源储备地之一，还对火星大气循环有重要影响。"火星快车"探测器于 2018 年在火星的南极冰盖下探测到液态水地下湖的存在，提供了火星上存在液态水的第一个确凿证据。

图 1　由"海盗号"探测器照片合成的火星全球图

　　虽然火星的体积较小，但太阳系中最高的火山和最大的峡谷都位于火星。最高的火山即奥林匹斯山，位于塔西斯高原西北侧，高度约为 21.9km，最大的峡谷即水手号峡谷，位于塔西斯高原东部，长约 4000km，深约 7km。在火星地表，最常见的地貌之一便是小行星撞击坑。有研究人员认为，占据火星地表约 40% 面积的伯勒里斯盆地的形成便是源于一次小行星撞击事件。此外，还有火山喷发形成的火山坑和熔岩平原。主要分布在高原地区的河谷网络也是火星地貌研究的重点之一，多数河谷网络呈树状，在有些区域还发现了与地球上三角洲沉积地貌十分类似的地貌。众多研究人员认为，此类地貌由地表液态流水侵蚀而成，这也佐证了火星曾拥有宜居的环境。

3. 气候特征

　　在火星的"行星发电机效应"终止之后，火星大气受到了严重的太阳风侵蚀，致使今日火星的大气极为稀薄，难以有效保存太阳辐射能量。现如今火星的气候十分寒冷（地表平均温度约 −63℃）、干燥，地表不存在液态水。然而，在太阳系行星中，火星的气候仍是与地球气候最接近的。相似的自转轴倾角令火星与地球拥有相似的四季变化，在南半球的夏季，火星白日气温可以达到 20℃。

目前，火星的气候受一系列复杂作用影响，包括火星沙尘循环、二氧化碳循环、水循环等。此外，火星的轨道参数、自转参数，以及自转轴倾角也是决定火星气候的主要因素。

火星自转轴倾角的变化直接导致日照及温度的纬度差异出现变化，从而影响火星的大气动力学过程。模型研究结果显示，较大的自转轴倾角能对大气循环起促进作用，进而使火星的大气风速增大。自转轴倾角较大（>30°）时，气温的季节性变化明显，高纬度地区夏季白日平均气温可超过 0℃，而冬季，极区将扩展至较低纬度地区，极地冰盖出现明显的季节性消长。自转轴倾角较小（<20°）时，气温的季节性差异较小，极区全年都保持相对寒冷状态，此时极区形成较厚的永久性冰盖。自转轴倾角的变化也会对极区 CO_2 的季节性变化产生很大影响，从而影响火星大气压强。当自转轴倾角减小至 5° 时，平均大气压强将减小至当前值的十分之一以下。自转轴倾角对沙尘循环的影响更复杂，沙尘暴的产生受风速、大气压强、地表状况等多种因素制约。现有研究指出，当自转轴倾角低于今日值（25.19°）时，火星地表大气压强和风速减小，沙尘暴活动减弱，火星大气的沙尘含量下降。不同于地球，火星的自转轴倾角在历史上经历过相当大程度且不规律的变动，这必然会导致火星气候的显著变化。因此也有研究人员认为，火星的气候不仅在过去发生了巨大的变化，在未来也将继续变化[2]。

火星近日点的变化也会影响火星的气候。近日点的变化与火星自转轴的进动相关，其变化周期约为 51 000 年。如今，火星近日点在其北半球的冬至点附近，由此导致了北半球季节性变化较小，而南半球季节性变化较剧烈，且南半球的冬天更长，在夏季受到更强烈的日照。随着进动继续，南北半球差异最终将发生倒转。

火星生命消失之谜：生命关联元素的空间逃逸

火星大气层

1. 火星大气的构成、逃逸及演化

当我们探究火星是否存在或存在过生命时，其环境、宜居性及其演化过程是研究的关键。因此，我们需要考虑不同时期火星的气候、大气的构成与演化。火星地表由流水侵蚀形成的河谷网络地貌显示，火星此前拥有较为温暖的气候，不过目前尚未明确温暖气候的成因。根据现有的观测数据及模型研究，早在 37 亿年前，火星便已经失去了绝大部分的原始大气，形成了如今寒冷、干燥的气候。火星为什么会失去原始大气，以及它们是怎样损失的？这也是我们探寻的问题。

火星的大气层十分稀薄，平均大气压强仅为 700Pa，主要成分为 CO_2 与少量的 N_2，还包括微量的气态水、其他气体组分，如二氧化碳与水的光化学平衡产物（如 CO、O_2、H_2O_2、O_3）、稀有气体氖气（Ne）、氩气（Ar）、氪气（Kr）、氙气（Xe）。依据地基望远镜和"火星快车"的光谱观测结果，火星大气中还含有温室气体甲烷（CH_4）。在地球上，绝大多数甲烷是由生物体释放的，这也是人们认为火星可能存在生命的原因之一。

基于对火星陨石的分析，火星在形成过程中积累了大量挥发性元素。然而，在火星的演化过程中，大气中大量的碳原子、氮原子及稀有气体成分在逃逸过程中损失了，火星大气逃逸机制如图 2 所示。火星大气逃逸主要有两种形式：热能逃逸和非热能逃逸[3]。热能逃逸主要由太阳辐射所致，包括金斯逃逸和流体动力学逃逸。金斯逃逸是指中性大气组分以缓慢、稳定的状态逃逸，在太阳辐射的条件下普遍存在。流体动力学逃逸是指在较强的能量注入条件下，高层大气大规模膨胀，进而使原子克服行星引力屏障以连续流体的方式逃逸。二者的区别类似水在低于沸点和高于沸点条件下的蒸发。早期的太阳风比今天的更加强烈，因此流体动力学逃逸在太阳系生命诞生初期起到了更重要的作用，使火星原始大气损失了大量氢原子，并且在逃逸过程中氢原子与碳、氧原子等重原子发生碰撞，推动了原子的逃逸过程。

非热能逃逸主要包括光化学逃逸、离子溅射、电离层外流、电离层离子携带等。电离层中的离子具有较高能量，通过碰撞导致中性大气粒子逃逸到太空中，类似于石子落在湖面上激起水花一样，该过程被称为离子溅射[4]。

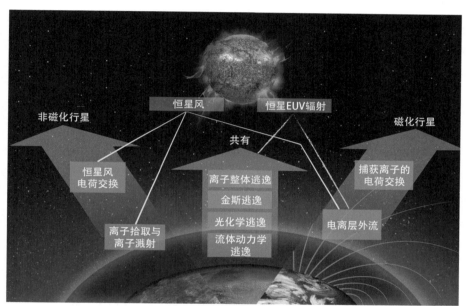

图2　火星大气逃逸机制

此外，早期火星受到了大规模陨石撞击，撞击侵蚀作用使火星的大气大量损失。当陨石等大型物体撞击大气层时，撞击中释放的大量能量令撞击点周边的大气粒子加速，使粒子速度达到逃逸速度，进而发生逃逸，造成火星大气损失。因此，在早期太阳风与陨石撞击的共同作用下，火星大气在较短时间内达到如今的稀薄程度[5]。

在约37亿年前的诺亚纪末期，大规模陨石撞击终止，此后至今，高层大气的光化学逃逸及金斯逃逸是火星大气逃逸的主要机制，这些过程损失的N_2等挥发性物质的量占原始储量的50%～90%，因此火星大气变得更加稀薄，无法有效地保存太阳辐射能量，从而形成了火星表面寒冷、各区域温度分布极为不均的现状，也不利于液态水的存在。

2. 火星大气特征

（1）大气分层结构

虽然现在的火星表面没有海洋，但一些独有特征令火星的大气动力学过程复杂化。例如，火星较大的轨道离心率导致了火星呈现比地球更显著的太阳辐射周年变化；火星地表广泛存在的沙尘暴通过吸收再辐射过程对高层大气加热，还使得太阳辐射减弱，形成复杂的温室效应。太阳辐射是火星大气环流的主要驱动力，可见光被火星地表和大气尘埃吸收后，通过再辐射过程转化为红外辐射，从而对火星大气起到加热作用。在高层大气中，紫外与极紫外辐射导致原子与分子电离，也是大气变热的一种原因。大气能量输运机制分为热传导、热对流、热辐射 3 种[6]。

依据不同高度的大气的成分、温度、气体的同位素特征与物理特性等一系列判据，火星大气被分为 3 层：低层大气（50km 以下）、中层大气（50～100km）与高层大气（100km 以上）。火星大气分层结构如图 3 所示。

图 3　火星大气分层结构

火星低层大气的温度与压强均随高度增加而降低，与地球的平流层类似，在中层大气中温度无明显变化，在高层大气中，温度随高度增加而上升，如图4所示。低层大气的加热机制主要有两种：一种是火星大气中的大量沙尘吸收太阳辐射的能量后再辐射出去，为低层大气加热的主要机制；另一种是温室气体阻止地表温度逸散。此外，极区臭氧分子在紫外辐射下的解离过程也可能对低层大气起到一定的加热作用。火星高层大气的加热机制主要是太阳极端紫外（Extreme Ultraviolet，EUV）辐射，大气动力学过程受低层大气波动和加热机制以及高层太阳辐射及空间磁场环境的双重影响[1]。

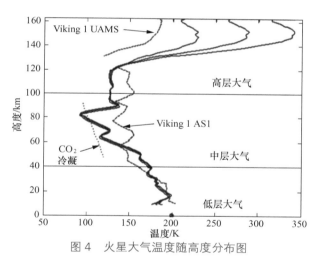

图4　火星大气温度随高度分布图

（2）大气云层与尘暴

火星大气中的云层包括黄云、白云和极地云。火星上的云与雾常见于晨昏线附近，尤其是清晨时分，此外，在峡谷与火山口等低洼地形处也存在晨雾。现有证据表明，黄云是火星大气中的沙尘暴，白云主要由H_2O和CO_2分子形成，大部分白云形成于山地区域，空气被迫抬升后气态水遇冷凝结形成云层。火星表面云层如图5所示。极地云包括轻薄的云雾和较为厚重的冷凝云，主要成分为干冰，还包括少量沙尘与水冰。

图 5　火星表面云层

由于火星地表缺乏液态水，地表岩石在地质作用的侵蚀下形成大量尘土，进而在由大气压强及温度梯度产生的强风场的作用下形成尘暴，常见于火星南半球的尘卷风也会将地表尘土卷入大气层。受大气的影响，火星尘暴规模变化极大，区域性尘暴与全球性尘暴均有可能发生。全球性尘暴发生在火星近日点附近时，南半球处于夏季，强烈的太阳辐射产生的强风场和尘卷风引起尘暴[2]。尘暴遮蔽下的火星地表温度下降，导致更大的温度梯度和更强的风场，致使尘暴规模扩大，在适当条件下这一过程可不断持续，直至整个火星被尘暴遮盖。

（3）风场

火星大气的季节性变化、尘暴等使得大气层中的温度与压强分布不均匀，会产生风场以抵消温度与压强梯度，最终形成如哈得来环流、大气潮汐、大气凝致流动等多种大气动力学过程。图 6 所示为哈得来环流示意，火星赤道地区接收到更多的太阳辐射能量，对流使得赤道地区的暖空气上升并逐渐冷却，暖空气继而向高纬度地区扩散并沉降至地表，最终回到赤道地区。大气潮汐则是由于火星稀薄的大气层无法有效留存行星表面的热量，因此日、夜两侧的温差极大，形成从日侧流向夜侧的风场。CO_2 的季节性变化使得火星南北半球产生大气压强差，形成南北半球间季节性的大气凝致流动。

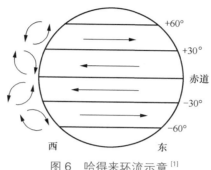

图 6　哈得来环流示意[1]

（4）大气环流

　　火星受纬向风、经向风、科里奥利力、行星波、大气凝致流动等驱动，形成了大气环流。经向风与纬向风的形成源自哈得来环流，科里奥利力由火星自转产生，而行星波是由大气温度与压强变化导致的波动[2]。时至今日，研究人员已经基于地球大气环流模型对火星大气环流进行模拟，得到火星大气环流模型。该模型包括哈得来环流、科里奥利力、大气尘埃、辐射加热、火星云层、对流、湍流、大气波动、大气凝致流动、边界层的拖曳力效应等。大气环流模型提供了全球尺度的火星大气物理图景，但这一模型无法提供小尺度的细节，因此近年来研究人员也在不断开发用于对一定区域进行模拟的中尺度模型。

火星电离层

　　研究火星电离层可以帮助我们了解火星电磁环境和等离子体环境，以及发展火-地通信。火星电离层结构和其中发生的物理过程比地球上的更复杂。一方面，由于火星不像地球一样存在全球性磁场，太阳风会直接与火星的中高层大气发生相互作用，压缩火星磁层和电离层，从而促进火星大气电离，加速粒子逃逸。另一方面，火星上不均匀地分布着强度不一的局部地磁场，即壳磁场，这使火星电离层的结构更加复杂。因此，火星电离层这一重要的区域中仍存在许多未解之谜。

1. 火星电离层的组分和来源

基于"火星大气与挥发物演化任务"（Mars Atmosphere and Volatile Evolution，MAVEN）探测器的数据，火星至少存在 25 种离子组分：H_2^+、H_3^+、He^+、O_2^+、C^+、CH^+、N^+、NH^+、O^+、OH^+、H_2O^+、H_3O^+、N_2^+、CO^+、HCO^+、HOC^+、N_2H^+、NO^+、HNO^+、O^{++}、HO_2^+、Ar^+、ArH^+、CO_2^+ 和 $OCOH^{+[7]}$。图 7 展示了基于"MAVEN"探测器绘制的离子密度分布图。

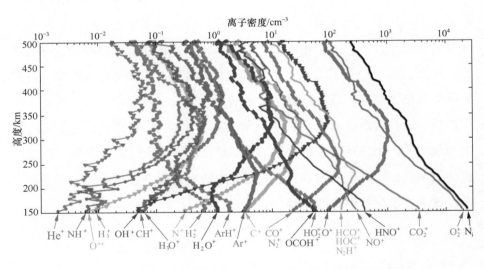

图 7　基于"MAVEN"探测器绘制的火星日侧电离层的离子密度分布图

火星等离子体主要有以下几种产生方式。一是太阳 EUV 辐射导致的电离即光致电离，光子与中性大气发生能量交换，进而置换出电子；二是电荷交换，中性大气与光致电离产生的离子以及太阳风中的高能粒子发生碰撞，进而产生电荷交换；三是复合反应，离子与中性大气或电子发生反应，产生新的粒子组分。

在大多数情况下，光致电离是火星日侧离子的主要产生方式。研究发现，波长为 20 ~ 90nm 的光子主导了火星日侧的光致电离过程，而电离层底层离子的光致电离主要由波长小于 20nm 的光子引发。在中高层电离层，离子输运效应不能被忽略，光致电离不再是电离层中发生的主要物理过程。

2. 火星电离层的结构

火星电离层的结构一直是科学家们关注的重点，了解它有助于科学家们了解火星的等离子体环境以及粒子逃逸过程。随着海拔高度的增加，火星电离层中的离子密度分布，以及电离层中发生的物理过程会出现明显的变化。在较低的高度，光致电离是电离层中发生的主要物理过程，离子密度与光致电离速率紧密相关。火星日侧的光致电离速率最大的位置即 M2 层，高度为 120 ~ 160km。随着太阳天顶角的增大，M2 层的高度也会增大，且离子密度会变小。

M2 层电子密度峰值高度与热潮汐和低层大气的热状态是相关的。"火星全球探勘者号"（Mars Global Surveyor，MGS）探测器的观测结果表明，随着火星的自转和公转进行，M2 层的高度会出现周期性变化，可能是火星从近日点到远日点或火星大气中的重力波导致的。这些外界因素引起的离子密度变化会影响化学反应过程，进而改变中性组分和其他带电粒子的密度。图 8 展示了火星电离层的电子密度峰值高度随经度的变化。

在 M2 层下方存在一个更小的电子密度峰，该位置被称为 M1 层。图 9 展示了 MGS 探测器给出的电子密度随海拔高度的变化，M1 层和 M2 层分别位于 100km 和 140km 高度附近。M1 层等离子体主要来源于波长小于 20nm 的光子对中性大气的光致电离和高能电子引发的电子碰撞电离。

M1 层电子密度峰值与天顶角余弦值的平方根成正比。在太阳耀斑爆发期间，整个 M1 层电子密度增加，并且随着高度的降低，电子密度增加的幅度增大 [8]。

在 200km 高度以上，离子输运过程对电离层结构的控制强于光化学过程，这决定了电离层顶部的位置。与此同时，离子输运过程是夜侧电离层产生的主要原因。由于光化学过程的缺失，夜侧电离层与日侧电离层存在明显差异。

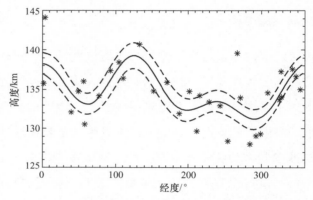

图 8　火星电离层的电子密度峰值高度随经度的变化

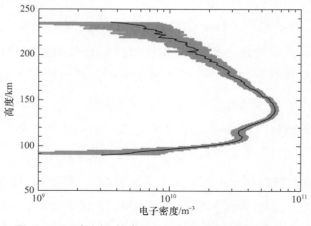

图 9　MGS 探测器给出的电子密度随海拔高度的变化

3. 火星夜侧电离层

"火星 4 号""火星 5 号""海盗号"航天器观测到了火星夜侧电离层。观测结果表明有两种维持火星夜侧电离层的机制：一种是等离子体从日侧电离层上部流入夜侧电离层，并在夜侧电离层较低高度处运动；另一种是夜侧电离层电子沉降并电离中性大气。沉降电子通量与太阳活动和火星电离层磁化程度高度相关，因此受到火星特有的壳磁场影响。一方面，壳磁场可屏蔽太阳风，阻碍电子向夜侧电离层沉降；另一方面，强壳磁场的开放磁场线又为电子向夜侧电离层沉降提供重要途径。

图 10 所示为 200km 高度以上不同太阳天顶角位置的电子密度变化[9]，其中，太阳天顶角小于 90° 的区域为日侧电离层。可以看出，火星日侧电离层电子密度随电离层高度增加而下降，而夜侧电离层电子密度与高度的关系不明显。这说明在火星日侧电离层，随着高度升高，主导电离层结构的物理机制从光化学过程转变为等离子体输运过程，而夜侧电离层由于光化学过程的缺失，在 200km 高度以上几乎全为等离子体输运过程控制。

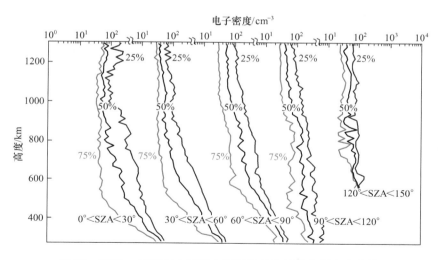

图 10 200km 高度以上不同太阳天顶角位置的电子密度变化

4. 火星电离层离子逃逸与影响因素

电离层中的离子逃逸是火星粒子逃逸的主要形式，也是造成火星气候、环境剧烈变化的主要原因之一。由于受到电磁力的作用，离子逃逸比中性粒子逃逸更复杂。火星电离层离子所处的总电场主要由动生电场、霍尔电场和双极电场构成，这3种电场分别对应不同的加速机制，以及不同的逃逸通道。图11展示了火星离子的羽流逃逸和尾向逃逸。太阳风运动所产生的动生电场使得离子北向加速形成羽流逃逸，霍尔电场导致离子朝火星尾向加速形成尾向逃逸。双极电场通过开放及拖曳的磁力线对离子进行加速，当低处的离子沿着开放场线向更高处输运时，双极电场对应的加速机制将占主导地位。

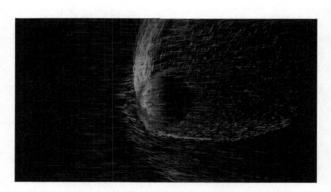

图 11　火星离子的羽流逃逸和尾向逃逸

火星离子逃逸受到火星外部环境与内部结构的共同影响。外部环境主要包括太阳风条件和行星际磁场。太阳风极紫外辐射通量通过加热中性粒子使粒子加速逃逸。在太阳极大期，太阳表面的活跃区域增大，从而增加了太阳极紫外辐射通量的输出，产生快速的太阳风等离子体流，驱动日冕物质以更高频率抛射，这使得火星大气的电离率增大，进而产生更多的离子成分，并发生离子逃逸。另外，太阳风动压会显著影响离子逃逸率，太阳风动压越大，离子逃逸率越高。过去的太阳比现在更加活跃，因此过去火星受到的极紫外辐射通量和太阳风动压更大，过去的离子逃逸率也更高。此外，行星际磁场的方向和强度决定了火星空间环境的磁场拓扑结构，会对诸如动生电场、霍尔电场等依赖于磁场结构的逃逸机制产生影响。

如今火星上不存在全球性内禀磁场，但是分布着极为复杂的壳磁场，对太阳风与火星大气的相互作用有显著的影响，最终控制着火星电离层离子逃逸[10]。火星壳磁场随着火星自转而旋转，周期为24h39min35.244s。与太阳风相互作用时，火星磁场的拓扑结构受自转影响，改变了火星的电磁场以及等离子体空间环境，从而影响火星离子的分布以及逃逸。全球数值模型是研究剩磁效应的主要手段，在多组分单流体 MHD（Magnetohydrodynamics，磁流体力学）模型中考虑了局地壳磁场旋转的影响。对长达一个火星日的太阳风相互作用过程的模拟结果表明离子逃逸率随着火星自转缓慢变化，并且发现离子密度在强壳磁场区显著提升。当最强壳磁场位于日侧电离层时，壳磁场对火星电离层结构起到保护作用；当最强壳磁场位于晨昏线时，离子从日侧电离层到夜侧电离层的输运通量增加，导致离子逃逸率增大。最新研究表明，壳磁场因电离层高度不同对离子逃逸呈现二重效应[11]，在火星电离层较低处，壳磁场可抑制离子逃逸；而在电离层较高处，壳磁场对离子逃逸有推动作用。

壳磁场的存在表明，火星曾经存在过较弱的全球性内禀磁场，人们普遍认为全球性内禀磁场会保护粒子免受太阳风的剥离与侵蚀，正是因为全球性内禀磁场的消失导致了火星大气变得稀薄。然而，缺乏全球性内禀磁场但存在浓密大气的金星似乎并不符合这一解释。金星离太阳更近，其受到的太阳风和太阳辐射的强度大约是地球的 2 倍、火星的 4 倍，但它仍然保持着以二氧化碳为主要成分且较为浓厚的大气。

造成这种差异的原因主要是火星相对金星和地球所具有的弱重力。离子必须获得高于逃逸速度所需要的逃逸能量以摆脱行星引力的束缚，进而发生逃逸。表 1 列出了金星、地球和火星上常见离子组分的逃逸能量。可以看出离子从金星和地球逃逸时所需能量是从火星逃逸时所需能量的 4 倍多，换句话说，火星空间环境中的离子更容易发生逃逸。

表 1 金星、地球和火星上常见离子组分的逃逸能量

星球	逃逸速度	逃逸能量（H^+）	逃逸能量（O^+）	逃逸能量（O_2^+）
金星	10.4km/s	0.54eV	8.6eV	17.2eV
地球	11.2km/s	0.59eV	9.3eV	18.7eV
火星	5.0km/s	0.12eV	2.0eV	4.0eV

科学家通过加入不同大小的全球性偶极磁场来研究其对火星离子逃逸的影响，结果表明较弱的全球性偶极磁场对离子逃逸起到促进作用，随着全球性偶极磁场强度的增大，火星离子逃逸率变大。当全球性偶极磁场磁层顶与诱导磁层边界重合时，全球性偶极磁场的强度进一步增大，离子逃逸率反而降低[12]，如图 12 所示。

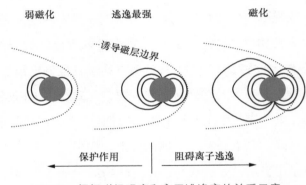

图 12 偶极磁场强度和离子逃逸率的关系示意

因此，过去火星曾存在的较弱全球性内禀磁场，可能非但没有保护离子免受太阳风的剥离与侵蚀，反而促进了它们的逃逸，加速了火星环境与气候的剧变。

火星探测

自古以来，人们对火星一直有着浓厚的探索兴趣，天文学家在望远镜问世前，就详细绘制了火星的运行图。随着科技的发展，人们逐渐有能力发射航天器去探索充满未知的太空。如今，火星探测的主要目标还是研究

火星在过去或今天是否有生命存在。如 NASA 提出口号"跟着水走",就是为了研究水对火星地质和大气演化以及(可能存在的)生命活动的影响。人类的火星探测历程始于 20 世纪 60 年代,共进行了数十次的尝试,但前往火星的道路并不那么平坦,其中仅有约三分之一的尝试达到了预期目标[13]。

美国是最早发射航天器探索火星的国家之一,从 1964 年先后发射"水手 3 号"和"水手 4 号"以来,美国执行了数十次火星探测任务。虽然美国在 1971 年发射的火星探测器进入了火星轨道拍摄了高清照片,但美国的火星探测计划也并非一帆风顺,曾经在 1992 年发射"火星观察者号"探测器,它在即将抵达火星的时候,与地球失去了联系。在美国探索火星的任务中,最成功的当属 1996 年"火星环球勘测者"探测器,该探测器整整运行了 10 年,于 2006 年才与地球失联。为了检测火星上的有机物和可能存在的生物新陈代谢产物,并以此找寻火星生命,美国于 1975 年 8 月和 9 月连续发射"海盗 1 号"和"海盗 2 号"探测器,但均以失败告终。之后的火星探测器都不再进行直接的生命搜寻,而是探测火星环境是否支持生命存在。生命离不开水,因此火星历史上是否存在水是探测的重点。

自 2001 年美国发射"2001 火星奥德赛"探测器开始,"勇气号""机遇号""凤凰号""好奇号"等火星车先后登陆火星。出于科学性和实用性考虑,它们着陆于火星不同地点。"勇气号""机遇号""凤凰号""好奇号"致力于探测当地地貌和气候环境,寻找水的痕迹,并评估当地环境能否支持生命存在。"洞察号"则致力于研究火星内部的地质结构,以此探究太阳系类地行星的形成和演化。"毅力号"与"机智号"则"回归初心",继续寻找火星生命,也为载人飞船登陆火星做准备。此外,"毅力号"还储存了一些岩石和土壤样本,等待后续火星探测任务将样本带回地球。目前,"好奇号"(见图 13)"毅力号"仍在执行它们的探测任务,持续替人类探索这颗充满未知的红色星球。

图 13 "好奇号"在火星表面的演示

大气是地球生命得以生存的必要条件，在大气环流、水循环、阻挡太阳辐射以及减速陨石等方面发挥着重要作用。科学家猜想火星上也存在大气，从而使火星能够孕育生命。但随着探测任务的进一步展开，科学家发现火星的大气层相当稀薄，主要成分是二氧化碳，氧气含量非常少，这样的条件下很难有类地生命存在。

为了解答这个问题，科学家通过轨道器对火星地表、大气及空间环境进行了探测。21 世纪以来，美国于 2005 年和 2013 年分别发射了火星勘测轨道飞行器（Mars Reconnaissance Orbiter，MRO）和 MAVEN 探测器。MRO 在印证之前结论的基础上，提供了更多火星地表的细节信息：火星北极地区的冰盖下的冰块体积相当于格陵兰岛冰块体积的 30%；火星上广泛分布着氯化物矿藏，这些区域更有可能存在生命或曾经存在生命。MAVEN 探测器则致力于探究火星粒子逃逸的相关信息，同时探究大气、电离层与太阳风的交互关系。

苏联是最早启动火星探测的国家，但相比美国，貌似少了一些运气，多次探测任务都由于各种原因而失败。进入 21 世纪后，俄罗斯取消了后续独立开展的火星探测计划，而是尝试与其他国家合作探测火星。2016 年，欧洲空间局与俄罗斯联邦航天局联合开展"ExoMars2016"火星探测任务，致力于寻找火星生命和水的痕迹并研究火星环境，为未来载人飞船登陆火星做好前期调研。这项任务中的轨道器（火星微量气体任务卫星，见图14）成功进入火星环绕轨道，但搭载的着陆器并未成功着陆。

欧洲空间局长期以来一直对火星探测感兴趣，首次火星探测任务是2003年开展的"火星快车"任务。"火星快车"探测器于2004年1月28日到达测绘轨道并工作至今，工作不久就在火星大气层内探测到甲烷，虽然甲烷含量非常少，但因为甲烷可能来源于微生物，极大鼓舞了科学家们继续寻找甲烷的确切来源。"火星快车"绕轨至今的数据有很大的科学价值，还为后续进行的火星探测任务提供了帮助。

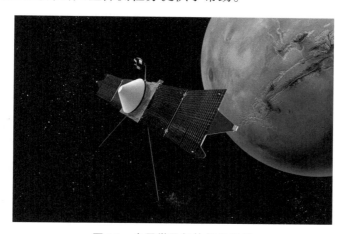

图14　火星微量气体任务卫星

中国开始火星探测的时间较晚，但火星探测相关技术的发展很快。中国的第一次火星探测任务选择与俄罗斯合作，"萤火一号"与俄罗斯的"福布斯 - 土壤"火星探测器于2011年11月一同发射升空，由于探测器变轨失败，任务以失败告终。此次任务虽然失败，但培养了人才队伍，奠定了未来中国自主开展火星探测任务的基础，中国从此踏上了独立自主的探测火星之旅。2020年7月23日，中国首次自主执行火星探测任务的探测器——天问一号探测器在文昌航天发射场由长征五号遥四运载火箭发射升空，并于2021年2月到达火星附近，2021年5月实施降轨。科研团队根据"祝融号"火星车发回的遥测信号确认，2021 年 5 月 15 日 7 时 18 分，天问一号着陆巡视器成功着陆火星乌托邦平原南部预选着陆区。2021 年 5 月 19 日，国家航天局发布火星车拍摄影像。这标志着中国首次在火星探测任务中达到了"绕落巡"3 个目标，也成为继美国后，世界上第二个在火星成功部署火星车的国家，迈出了中国火星探测征程的重要一步 [14]。

此次科学探测任务围绕火星是否具备支持生命存在的环境条件、火星与太阳系的起源和演化两方面展开，具体目标包括：研究火星形貌与地质构造及其演化；研究火星表层土壤及地下特征和液态水、冰分布；研究表面物质组成；研究大气、电离层、表面气候与环境特征；研究火星内部结构。

目前，天问一号探测器的相关仪器已通过可靠性评估，新一轮的长期探测任务正在有序进行中。期待天问一号探测器在日后提供重要观测资料，也期待天问一号探测器与其他在轨探测器开展联合探测，为火星探测带来全新的机遇。

天问一号探测器取得的可喜进展标志着中国的火星探测计划将进入下一阶段。中国将在日后成立火星观察站以扩大探测规模，发展飞行器穿梭于地球与火星之间、实现火星样本取回，并且建立火星基地。中国火星探测计划的最终目标是为将来人类登陆火星提供基础，令人类可在火星观察站中观察火星 [15, 16]。

结语

半个多世纪的探测历程，为人类一步步揭开了火星生命之谜的面纱。从"水手 3 号"到"天问一号"，从地貌特征到空间环境，人类对火星演化的了解越来越深入，佐证了火星历史上可能存在过适宜生命存在的环境。火星的诸多属性——低重力、无内禀磁场等，令其成为太阳系中大气层最稀薄的行星之一，但生命所需要的液态水难以长期存在于这样的环境中。与此同时，火星上有储存于地表之下的大量固态冰，在太阳系漫长的演化过程中，这些水资源并未如火星大气一般在太阳风和陨石的侵蚀作用下逃逸至太空中，这为生命的存在提供了可能。

由于火星位于太阳的宜居带内，又与地球有诸多相似之处，火星一直以来都被看作太阳系中除地球外最可能存在生命的行星。今日的火星并非人们想象中的理想生命摇篮，几十年来的研究成果为火星生命消失原因提供了可能的理论解释，这有助于人类预测地球未来的空间环境演变。时至今日，在火星的环境演变方面仍有亟需进一步探索的空白之处，理论研究方面存在很多待解决的问题。在未来，对于火星的探索将不仅局限于对地外生命的追寻，更要为人类登陆火星做准备，为人类航向星辰大海的征途立下一块新的奠基石。

参考文献

[1]   BARLOW N. Mars: an introduction to its interior, surface and atmosphere[M]. New York: Cambridge University Press, 2009.

[2]   HABERLE R, CLANCY R, FORGET F, et al. The atmosphere and climate of Mars[M]. New York: Cambridge University Press, 2017.

[3]   崔峻, 顾浩, 黄旭. 当前火星大气氢原子逃逸及其变化性[J]. 中国科学: 物理学 力学 天文学, 2022, 52(3): 6-26.

[4]   GRONOFF G, ARRAS P, BARAKA S, et al. Atmospheric escape processes and planetary atmospheric evolution[J]. Journal of Geophysical Research: Space Physics, 2020, 125(8): e2019JA027639.

[5]   LAMMER H, CHASSEFIÈRE E, KARATEKIN Ö, et al. Outgassing history and escape of the Martian atmosphere and water inventory[J]. Space Science Reviews, 2013, 174: 113-154.

[6]   ALMATROUSHI H, ALMAZMI H, ALMHEIRI N, et al. Emirates Mars mission characterization of Mars atmosphere dynamics and

processes[J]. Space Science Reviews, 2021, 217(8): 89.

[7] BENNA M, MAHAFFY P, GREBOWSKY J, et al. First measurements of composition and dynamics of the Martian ionosphere by MAVEN's neutral gas and ion mass spectrometer[J]. Geophysical Research Letters, 2015, 42(21): 8958-8965.

[8] WITHERS P. A review of observed variability in the dayside ionosphere of Mars[J]. Advances in Space Research, 2009, 44(3): 277-307.

[9] DURU F, GURNETT D, MORGAN D, et al. Electron densities in the upper ionosphere of Mars from the excitation of electron plasma oscillations[J]. Journal of Geophysical Research: Space Physics, 2008, 113(A7).

[10] RAMSTAD R, BARABASH S. Do intrinsic magnetic fields protect planetary atmospheres from stellar winds?[J]. Space Science Reviews, 2021, 217(2): 36.

[11] DUBININ E, FRÄENZ M, PÄTZOLD M, et al. Impact of Martian crustal magnetic field on the ion escape[J]. Journal of Geophysical Research: Space Physics, 2020, 125(10): e2020JA028010.

[12] EGAN H, JARVINEN R, MA Y, et al. Planetary magnetic field control of ion escape from weakly magnetized planets[J]. Monthly Notices of the Royal Astronomical Society, 2019, 488(2): 2108-2120.

[13] FORGET F, COSTARD F, LOGNONNÉ P. Planet Mars: story of another world[M]. Berlin: Springer, 2008.

[14] 张荣桥, 耿言, 孙泽洲, 等. 天问一号任务的技术创新[J]. 航空学报, 2022, 43(3): 9-15.

[15] 潘永信, 王赤. 国家深空探测战略可持续发展需求: 行星科学研究[J]. 中国科学基金, 2021, 35(2): 181-185.

[16] 魏勇, 朱日祥. 行星科学:科学前沿与国家战略[J]. 中国科学院院刊, 2019, 34(7): 756-759.

吕浩宇，北京航空航天大学空间与环境学院教授、博士生导师，中国地球物理学会行星物理专业委员会副主任，中国工程热物理学会爆震与新型推进专业委员会委员，获得欧洲空间局"金星快车"杰出贡献奖，北京航空航天大学"蓝天新秀"，北京航空航天大学"我爱我师"十佳教师。曾任北京航空航天大学空间与环境学院副院长、教指委主任。主要研究方向是等离子体数值模拟在空间物理、空间推进中的应用，承担多项国家自然科学基金、国防科工局预研课题和中国科学院战略性先导科技专项（B 类）等，在空间物理顶级期刊发表 SCI 论文 30 多篇，论文入选中国精品科技期刊顶尖学术论文。

李仕邦，北京航空航天大学卓越百人博士后。主要从事太阳风与火星相互作用的数值模拟研究，该研究目前获得了国家资助博士后研究人员计划的支持。以第一作者身份在 *Geophysical Research Letters*、*The Astrophysical Journal* 等期刊发表论文 6 篇，相关研究成果曾获第二十届全国日地空间物理学研讨会青年优秀论文奖。

宋奕辉，北京航空航天大学在读博士生，研究领域为行星物理，研究方向为火星电离层与磁层，主要关注太阳风动压及行星际磁场等外源因素对火星等离子体环境的影响。运用 MHD 模型研究了太阳风动压变化对火星空间结构及离子逃逸的影响，以第一作者身份在 *Journal of Geophysical Research* 发表论文两篇。

探秘物质第四态：
等离子体诊断方法

北京航空航天大学空间与环境学院

张 尊

物质的形态主要有固态、液态、气态 3 种。那么是否存在物质的第四态呢？答案是肯定的。物质的第四态就是等离子体。那么，什么是等离子体呢？

我们想象一下：假设我们加热一个装满冰块的容器，并观察冰块从固态到液态再到气态的过程。随着加热温度的升高，水分子的热运动会变得更加剧烈，分子与分子之间的距离越来越大，分子越来越自由地移动，所以呈现出水由固态向液态再向气态的转变。

进一步，如果温度继续上升，直至约 12 000℃，那么一部分原子开始分裂，电子将从原子核中脱离，成为自由电子。这时，物质变成了由带正电的原子核和自由电子组成的等离子体，大范围内保持宏观电中性。在等离子体中，电子和离子是分离的，带电粒子之间存在长程库仑力（电磁力）。等离子体具有一定的导电性，所以等离子体能够受电场和磁场的影响和约束等。等离子体的性质与常见的固体、液体和气体有本质区别，所以是独立于 3 种物质形态的物质的第四态。

认识物质第四态：等离子体态

1. 自然等离子体

我们之所以在日常生活中很少提及等离子体，是因为我们很少看到天然等离子体。在地球表面，通常不具备产生等离子体的条件，如上述提及的环境温度要达到 12 000℃左右。只有在特定条件下，人们才能看到自然界的等离子体，如星云、太阳风、极光、闪电等（见图 1）。然而，在日常生活中是"稀缺品"的等离子体，却占据了宇宙中可观测物质的 99% 以上 [1]（如果我们忽略暗物质的话），比如太阳及其他恒星、星云、星际物质、地球电离层等。

图 1 星云、太阳风、极光、闪电等自然等离子体

（a）星云 （b）太阳风 （c）极光 （d）闪电

2. 人工生成的等离子体

除了自然等离子体，也可以通过人工生成的方式生成等离子体，比如利用辉光放电管、霓虹灯、等离子体闪电球、托卡马克等。

我们知道，温度越高，分子的热运动越剧烈。当温度足够高时，原子的外层电子才能摆脱原子核的束缚成为自由电子。失去电子的原子变成带正电的离子，这个过程叫电离。电离的方式主要有以下几种。

（1）**热电离**。在高温下，气体原子的热运动速度很大，具有很大的动能，原子的相互碰撞会使原子中的电子获得足够大的能量，能量一旦超过电离能，原子就会发生电离。在室温条件下，气体中电离的成分微乎其微。

若要使电离成分占千分之一以上，温度必须高于 10 000℃。所以，在人类生活的环境中，物质绝不会自发地以第四态的形式存在。处于极端高温环境中的太阳的基本组成物质都是以第四态形式存在的。

（2）**光电离**。当气体受到光的照射时，原子会吸收光子的能量，如果光子能量足够大，也会引起电离，这种电离方式称为光电离。但是，自然条件下所有气体在可见光的作用下一般不能直接发生光电离，因为可见光的光子能量较弱。光电离主要发生在稀薄气体中，对于照射光的光能也有一定的要求。地球外围空间的电离层就是由太阳的紫外辐射将高空中的稀薄气体电离形成的。

（3）**碰撞电离**。当气体中的带电粒子（残余种子电子）在电场中加速获得能量时，这些高能电子与周围的中性粒子进行碰撞从而交换能量使气体电离。利用气体在附加电场中的电子崩形成的放电来产生等离子体是目前地面实验室产生等离子体的有效方式。一般情况下，使用纯度较高的比较稀薄的稀有气体更容易产生气体放电，比如低气压 He、Ne、Ar、Kr、Xe 等气体。

气体中流通电流的各种形式称为气体放电。气体在正常状态下是良好的绝缘体，1cm^3 气体中仅含几千个带电粒子。但在高压条件下，气体中会突然产生大量的带电粒子，从而失去绝缘能力，产生放电现象。气体由绝缘状态突变为导体状态的过程称为击穿。一旦电压解除，气体电介质能自动恢复绝缘状态。

气体放电过程中，因电极结构、电场位形、电压幅值不一样而呈现不同的放电形式，主要有辉光放电、电晕放电、刷状放电和电弧放电等。图 2 展示的是具有不同放电形式的电极结构，一端是高压端，另一端是接地端。图 2 从左至右分别是平板 - 平板、针 - 平板、针 - 平板、针 - 平板（后面 3 种电极结构相同，放电形态不同）电极结构。辉光放电、电晕放电、刷状放电时，气体尚未击穿，具有一定的绝缘能力。电弧放电时，气体已被击穿，通道成为良导体。但是，根据施加电压波形、间隙结构等条件的不同，这些放电形式之间可以相互转换。不同放电形式对应的等离子体态如图 3 所示。

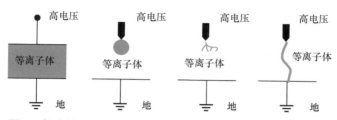

图 2　辉光放电、电晕放电、刷状放电、电弧放电的电极结构

图 3　辉光放电、电晕放电、刷状放电、电弧放电对应的等离子体态

理解物质第四态：等离子体诊断

1. 等离子体的参数描述

等离子体种类较多，它们的表征参数也不一样。为了表征不同种类的等离子体，我们基于不同的参数对其进行定量描述。因为等离子体的典型特征是含有自由的带电粒子，所以我们一般使用带电粒子的温度和密度来描述。这样就可以把全部等离子体放在同一坐标里面，如图 4 所示。图 4 中右下角密度较大而温度较低的是处于人类居住环境条件下的固体、液体和气体。

值得一提的是，人类制造出来的磁约束聚变反应堆和惯性约束聚变反应堆等离子体的密度和温度比太阳核心等离子体略高，俗称"人造太阳"，涉及人类的终极能源问题。中国科学院合肥物质科学研究院在2022年12月30日晚发布消息：该院等离子体物理研究所有"人造太阳"之称的全超导托卡马克核聚变实验装置实现1056s的长脉冲高参数等离子体运行，刷新了全球托卡马克装置在高温等离子体运行时长上的最高纪录[2]。

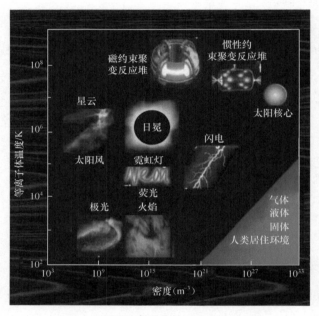

图4　不同等离子体的温度和密度图

2. 等离子体的参数获取

如何获得等离子体的温度和密度呢？这就是等离子体诊断的内容了。我们之所以称为等离子体诊断而不是等离子体参数测量，是因为目前还没有更高一级的等离子体参数测量装置对等离子体参数进行定标，因此不能确定等离子体参数的真实值。我们只能多方位、多参数地获得等离子体信息以综合考虑，确定等离子体参数的可能值。这一过程与医学中诊断患者病情类似。

我们可以根据等离子体的带电和发光特性进行接触式的静电探针诊断以及非接触式的成像、光谱等光学诊断。

（1）等离子体带电信息感知——静电探针诊断

静电探针的理论基础是 1924 年朗缪尔提出的静电单探针理论，为了纪念对等离子体诊断领域做出开创性贡献的朗缪尔，也把静电探针称为朗缪尔探针。基本原理是在等离子体中置入一根导体（探针）的尖端，将导体其他部分做绝缘处理，通过外部电源的偏压扫描（±100V），使得探针尖端吸收和排斥等离子体中的带电粒子，从而在回路中形成相应的电流，形成电压 - 电流（I-V）曲线，对该曲线进行分段分析，推导等离子体中的温度和密度信息。图 5 显示的是朗缪尔探针电路图以及置入等离子体中的探针[3]。

探秘物质第四态：等离子体诊断方法

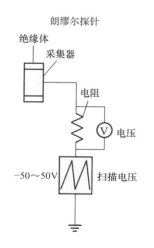

图 5　朗缪尔探针电路图以及置入等离子体中的探针

基于朗缪尔探针可以获得等离子体的温度、密度、空间电位、悬浮电位、电子能量分布等信息，这是一种成熟、结构简单、可获得多参数的基本诊断方法，在等离子体诊断领域得到了广泛应用。图 6 展示了通过朗缪尔探针获得的等离子体温度云图和等离子体密度云图，其中，横坐标是距离等离子体源出口的轴向距离，纵轴是径向距离，色棒代表电子温度（在等离子体中通常用 eV 作为温度的单位）和离子密度。

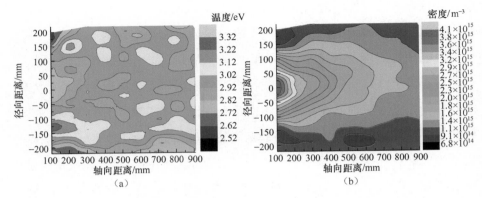

图 6 通过朗缪尔探针获得的等离子体云图

（a）温度云图 （b）密度云图

法拉第探针是简化后的朗缪尔探针。由前文可知朗缪尔探针需要对置入等离子体中的探针尖端进行电压扫描，电压一般为 –100 ～ 100V，这一过程需要一定的时间周期（比如 1s），对瞬态等离子体无能为力（放电周期为 ms 或 μs 量级）。另外，生成 *I-V* 曲线的方法较为复杂，一般不能实时显示测试结果。法拉第探针方法在探针尖端固定一个负偏压，使探针表面能够排斥电子，吸引离子。因此，测试回路里流动的就是离子饱和电流，根据离子的密度和速度乘积就能够获得回路电流大小。一般低气压等离子体中的离子速度变化不大，所以法拉第探针的测试回路电流与等离子体密度呈正相关关系，可以实时显示测试结果。法拉第探针不需要借助电压扫描，可以对等离子体中高频信号进行响应。所以，法拉第探针是等离子体诊断中较为快捷的诊断方法，缺点是仅能获得等离子体密度信息。图 7 为法拉第探针电路图以及探针实物图。图 8 展示了通过法拉第探针获得的等离子体电流密度云图，电流密度与等离子体密度呈正相关关系。其中，横坐标是距离等离子体源出口的轴向距离，纵轴是径向距离，色棒代表等离子体的电流密度。

阻滞能量分析仪（Retarding Potential Analyzer，RPA）是一种用来测量离子能量分布的仪器 [4-5]。一般情况下，一个 RPA 包括 4 层栅极和 1 个位于栅极后面的采集器。第一层栅极是悬浮的，用来减小等离子体扰动；第二层是负偏置的，用来阻挡电子的采集；第三层为正偏置的，有选择性地通过一部分离子；第四层是负偏置的，用来阻挡采集器发射的二次电子通过。通过多层栅极设计，RPA 只允许能量大于某一定值的离子通过并最终到达采集器。基于采集到的探针电流和相应的阻滞栅极扫描电压得到 *I-V* 曲线。图 9 展示了 RPA 电路图以及实物图。图 10 展示了通过 RPA 获得的离子能量分布图，离子最概然能量为 998eV[6]。

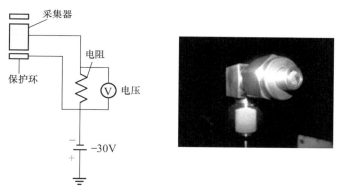

图 7　法拉第探针电路图以及探针实物图

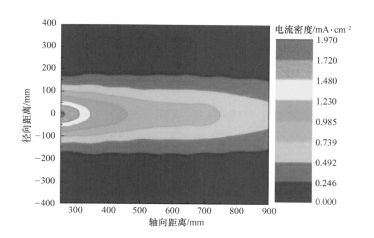

图 8　通过法拉第探针获得的等离子体电流密度云图

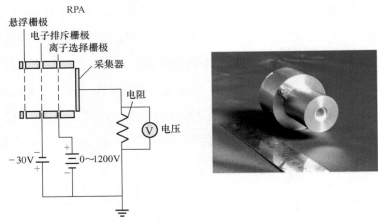

图 9 RPA 电路图以及实物图

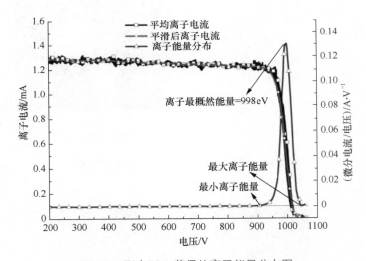

图 10 通过 RPA 获得的离子能量分布图

（2）等离子体发光信息感知——成像、光谱

光学方法是指利用等离子体产生的发光信息来获得等离子体基本参数，是一种非接触式的诊断方法，不易受电磁场的噪声影响。

第一种是成像法。高空间分辨率的等离子体参数诊断有助于研究等离子体空间分布演变规律，图像测量法是一种常用的高空间分辨率等离子体诊断方法。为了获得高空间分辨率的等离子体分布规律，通过使用密集阵列图像探测器记录等离子体光强信息，可结合发射光谱数据定性、定量分析等离子体参数的空间分布情况。图 11 展示了磁等离子体源羽流等离子体的可见光波段的视觉形态。图 12 展示了利用图像测量法获得的等离子体的电子温度和离子密度分布图 [7]。

图 11　磁等离子体源羽流等离子体的可见光波段的视觉形态

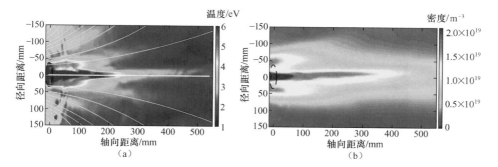

图 12　利用图像测量法获得的等离子体的电子温度和离子密度分布图
（a）电子温度分布图　（b）离子密度分布图

第二种是发射光谱。发射光谱是物体发光直接产生的光谱。发射光谱方法是一种非接触式的诊断方法，不干扰等离子体，不受射频电场、磁场、高能量束流的影响。

各元素原子的核外电子按照一定规律分布在电子轨道上，在没有外界激励的情况下原子处在最低能级，这时电子在离原子核最近的轨道上运动的这种定态称为基态。基态原子在受到外界电子或者粒子碰撞、光激发等作用下，获得足够的能量，外层电子跃迁到较高能级的过程叫激发。原子由基态跃迁到激发态时所需要的能量就叫作激发电位或者激发能，激发过程是不发光的。高能级的电子处于不稳定状态，在极短的时间（1×10^{-8}s）内外层电子便跃迁回基态或其他较低能级，并释放出多余的能量，这一过程为退激发，这一过程才是发光的，光谱就是根据这一过程中的发光信息进行诊断。

在发光过程中，采用光谱仪或者其他光学探测设备采集等离子体内部处于激发态的原子、分子、离子的辐射光谱信息，再结合粒子涉及的动力学过程和原子内部电磁波产生的机理和影响条件，构建发射光谱和等离子体参数的关系，最后得出影响动力学过程的等离子体参数信息，如等离子体成分、温度和密度。图 13 展示了聚合物 PTFE 在烧蚀之后产生的等离子体形态的可见光图像，包括使用不同滤波片处理之后的等离子体组分分布，结合光谱信息，再选择合适的数理模型，就可以计算等离子体的电子温度和离子密度[8-9]。

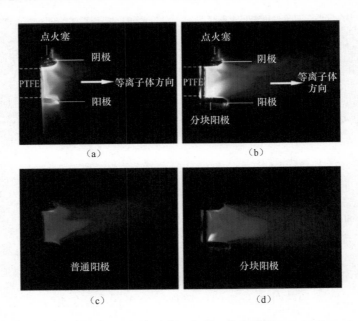

图 13　等离子体形态的可见光图像

（a）普通阳极宽谱图　　（b）分块阳极宽谱图
（c）普通阳极 C+ 光谱图　　（d）分块阳极 C+ 光谱图

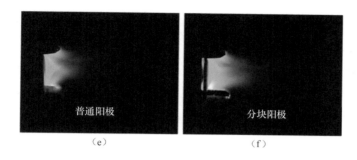

图 13　等离子体形态的可见光图像（续）

（e）普通阳极中性 C_2 光谱图　　（f）分块阳极中性 C_2 光谱图

应用物质第四态：等离子体用途

综上所述，通过接触式的探针和非接触式的光学方法可以计算出等离子体的电子温度和离子密度，可以将不同等离子体补充进图 4 中，达到解密等离子体的目的。

当我们了解等离子体参数之后，可以将等离子体应用到哪些方向呢？图 14 展示了几种典型的等离子体的可应用方向。具体介绍如下。

（1）人造太阳。当代等离子体的最大应用前景之一是受控热核聚变，它指的是当原子合并在一起时释放出强烈但可控的能量，从而源源不断地提供安全、绿色的能源。

（2）空间天气预报。来自太阳上层大气产生的超高速太阳风会将等离子体携带到地球周围。幸运的是，地球的磁层能使我们远离这些带电的等离子体以及来自太阳风辐射的伤害，但我们的卫星、航天器和宇航员却都暴露在外。它们在这种充满"敌意"的环境中的生存依赖于我们对等离子体的理解和调节。利用空间天气预报可以预估太阳风等离子体的演化，类似台风预警，可以为卫星和航天器做预警。

（3）等离子体医疗。等离子体含有多种活性成分和高速运动的带电粒子，可以和人体组织中的细胞、细菌或病毒等产生反应，可通过控制等离子体的不同参数来诱导细胞和细菌产生不同反应，已经应用于杀菌灭毒、控制癌细胞、消除牙菌斑等领域。

（4）航空航天。等离子体在航空航天领域的应用主要体现在等离子体推进器可以满足卫星、空间站核心舱等航天器的位置保持、姿态调整等任务需求。

（5）等离子体农业。等离子体在种子培育、土壤和植物处理、水的活化、绿色肥料，以及食品处理等农业领域展示出了良好的应用前景。简单来说，在农作物收获前，可以利用冷等离子体给种子杀菌、修复土壤、促进农作物生长。收获后，可以利用冷等离子体进行食品加工以及食品保鲜。

（6）等离子体工业。等离子体具有带电粒子，在电场作用下粒子可以高速定向运动，从而对基底材料进行刻蚀，已经大范围应用在芯片刻蚀、磁控溅射镀膜以及除尘和空气净化领域。

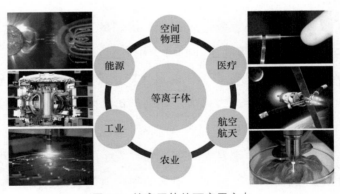

图 14　等离子体的可应用方向

结语

等离子体已经融入我们工作和生活的方方面面，只有进一步了解其特性参数，才能更好地利用等离子体。我们仅初步探讨了等离子体诊断的概念，然而每一种诊断方法背后都蕴藏着深厚的研究价值。当然，在深入探索的过程中，我们不可避免地会遇到一系列具有挑战性的难题。解决这些问题的过程促使我们不断加深对等离子体特性的理解。我们满怀期待，希望等离子体能在未来实现更广泛的应用。

参考文献

[1] 周有恒. 大有作为的物质第四态——等离子体[J]. 化工之友, 2001(12): 37-38.

[2] 郑琳. 中国"人造太阳"运行时间首次突破1000秒! 可控核聚变有多重要? [EB/OL]. (2022-01-02)[2023-03-01].

[3] ZHANG Z, TANG H, KONG M, et al. Electron temperature measurement in Maxwellian non-isothermal beam plasma of an ion thruster[J]. Review of Scientific Instruments, 2015, 86(2): 023506.

[4] CHAO C K, SU S Y. Charged particle motion inside the retarding potential analyzer[J]. Physics of Plasmas, 2000, 7(1): 101.

[5] BEAL B E, GALLIMORE A D. Energy analysis of a hall thruster cluster[C]//28th International Electric Propulsion Conference, 2003: 1-12.

[6] ZHANG Z, TANG H, REN J, et al. Calibrating ion density profile measurements in ion thruster beam plasma[J]. Review of Scientific Instruments, 2016, 87(11): 113502.

[7] HAN X, ZHANG Z, CHEN Z, et al. High-spatial-resolution image reconstruction-based method for measuring electron temperature and density of the very near field of an applied-field magnetoplasmadynamic thruster[J]. Journal of Physics D: Applied Physics, 2021, 54:135203.

[8]   ZHANG Z, ZHANG Z, TANG H, et al. Electron population properties with different energies in a helicon plasma source[J]. Plasma Science and Technology, 2020, 23(1): 015401.

[9]   ZHANG Z, LING W, REN J, et al. The plasma morphology of an asymmetric electrode ablative pulsed plasma thruster[J]. Plasma Sources Science and Technology, 2019, 28(2): 025008.

张尊，北京航空航天大学空间与环境学院副教授、硕士生导师。主要研究领域为等离子体物理、等离子体诊断、等离子体技术与应用、月尘运动特性等。以第一作者或通信作者身份发表SCI论文12篇，已授权国家发明专利11项（已转化1项）。主持国家自然科学基金项目2项，主持中央军委科学技术委员会项目1项，获军队科技进步二等奖1项。

从未知走向未来:
空间物理探测的丰碑

北京航空航天大学空间与环境学院

曾 立

"宇宙很大，地球很渺小。"这是我们经常听到的说法。地球的平均半径约为 6371km，它在宇宙中到底有多渺小呢？1957 年 10 月 4 日，苏联研制的世界上第一颗人造卫星"斯普特尼克 1 号"发射升空，在距离地球几百千米的太空轨道上自由"翱翔"，开创了人类宇宙探测的新纪元。1977 年 9 月 5 日，美国研制的"旅行者 1 号"探测器顺利发射升空，它曾到访木星和土星，2019 年 10 月 23 日已飞抵距离太阳约 211 亿千米的位置，但它依然处于太阳引力影响的范围。2022 年，英国天文学家在韦伯空间望远镜的第一组数据中发现一个星系候选者，编号为 CEERS-93316，它的红移值高达 16.7[1]，距离地球约 350 亿光年。可见，在太阳系及宇宙的空间尺度上，地球渺小得如同微尘。然而，如此渺小的地球却是人类的全部，地球上的生命更是宇宙中的奇迹。

飞向太空，遨游宇宙，是人类自古以来的梦想。从上古神话传说中的"后羿射日""嫦娥奔月"，到 1600 年德国天文学家开普勒出版的纯幻想作品《梦游》中提到的零重力状态、轨道惯性、宇航服、喷气推进，1865 年法国科幻作家凡尔纳出版的《从地球到月球》，再到 20 世纪第一颗人造卫星上天及阿波罗登月计划的实现，这一切都体现了宇宙探测从神话、幻想再到工程技术实现的历史演变。

在人类探测宇宙的过程中，空间物理学家从地球电离层的发现和研究开始，利用探空火箭、卫星和航天器平台，取得了一系列对人类发展具有重要影响的科学发现和研究成果，并逐渐发展出一个新兴的交叉学科——空间物理学。

地球电离层及电磁波的传播

我们已经知道，地球电离层是电离气体和中性气体共同作用的场所，上达外层空间，下抵低层大气。一般认为在赤道附近，距离地球表面 60 ～ 1000km 的空间区域为地球电离层。地球中高层大气的分子和原子受到太阳紫外线、X 射线和高能粒子的作用后发生部分电离，产生大量的自由电子和正、负离子，形成了距离人类最近的空间等离子体区域——地球电离层。电磁波在电离层等离子体中传播，发生吸收、反射、折射和法拉第旋转效应等，这些现象与人类活动密切相关，例如无线电通信、广播、无线电导航、雷达定位和高压长距离输电网络等，也与地震、火山爆发和海啸等自然灾害密切相关。然而，电离层的发现、研究和应用却经历了一个漫长的过程。

1864 年，英国物理学家麦克斯韦全面总结了电磁学研究的全部成果，建立了完整的电磁波理论，并预言了电磁波的存在。1882 年，斯图尔特提出了地磁场的日变化可能源于高空电流体系的假说。1888 年，赫兹第一次通过实验验证了电磁波存在，并观测到了电磁波传播现象。1901 年，意大利无线电学家马可尼成功地将无线电波从英国发送到大西洋对岸的加拿大，完成了首次长距离无线电通信实验。随即，肯内利和亥维赛认为地球大气层中应有导电层，能反射无线电波。1924 年，阿普尔顿等通过对无线电波回波的接收，证实向上的空间存在导电层，进而证实了地球电离层的存在。1929 年，科学家正式引入电离层这一名词，还发现电离层具有分层结构。1931 年，查普曼从理论上推导出太阳辐射强度、大气成分分布和电离层产生率之间的定量关系，为理解电离层的形成机制奠定了理论基础。20 世纪 30 年代，由于无线电通信产业的发展，人们发现电离层会发生突然的扰动事件，影响无线电波传输。1946 年，美国在新墨西哥州利用 V-2 火箭对地球高层大气进行了首次直接探测，发现太阳紫外辐射和氢原子的 Lyman-α 辐射对 D 层电离层具有重要影响。1947 年，阿普尔顿因发现 F 层电离层被授予诺贝尔物理学奖。1957 年，人类进入太空时代后，卫星和火箭探测技术的迅速发展以及无线电通信发展的迫切需要，使得电离层物理学首先发展成为空间物理学的主要分支之一。

磁场是地球的基本场，它在帮助人们理解电离层与磁层、中高层大气和地球之间的耦合机制以及日 - 地空间天气整体行为研究中具有十分重要的地位和作用。1958 年 5 月，苏联发射了"斯普特尼克 3 号"卫星，这是世界上首颗测量地磁场的卫星，揭开了国际地磁场和行星磁场探测的序幕。1979 年，美国的磁探测卫星"MAGSAT"成功发射，首次实现了高精度地磁三分量绝对测量，标志着磁场探测进入新的发展阶段。

2018 年 2 月 2 日，我国在酒泉卫星发射中心成功发射了首颗电磁监测试验卫星——"张衡一号"卫星，首次实现了我国在轨精确磁场探测。该卫星搭载了感应式磁力仪和高精度磁强计两种主载荷（在卫星上的布局见图 1），实现了跨越式发展，填补了我国在近地磁场精确探测领域的空白，达到国际先进水平，这是我国首次获得的全球地磁场观测数据，为我国地震研究、应急业务服务和空间科学研究提供了良好的保障。其中，感应式磁力仪为北京航空航天大学空间科学系自主研制的高可靠性空间极弱交流磁场矢量探测有效载荷。它基于法拉第电磁感应定律，将变化的磁通量转换为感应电压进行测量、处理和分析，由传感器和电子学箱组成（见图 2）。空间科学系研制团队在感应式磁力仪的一系列关键技术和工艺方面实现突破，成功实现了技术指标的宽频带、高灵敏度和高可靠性等。感应式磁力仪飞行产品的 −3dB 工作频段为 10Hz ～ 20kHz（图 3 所示为频率响应曲线），灵敏度曲线如图 4 所示，产品具有巡查、详查和在轨定标 3 种工作模式 [2]。为了减弱卫星平台的低频电磁干扰，感应式磁力仪安装在可展开伸杆的末端。自 2018 年 2 月 5 日在轨运行以来，感应式磁力仪工作稳定，运行状态和性能与预期相符，无故障发生，数据可靠。自 2013 年 1 月至 2018 年 12 月，先后有 20 名空间科学系在读硕士研究生直接参与了"张衡一号"卫星感应式磁力仪研制任务的设计、开发、测试、标定、发射和在轨测试全流程工作，为保障感应式磁力仪的成功研制做出了重要贡献，型号研制平台也因此成为空间科学系科教协同的重要平台（图 5 所示为感应式磁力仪研制团队合影）。在地磁宁静期和扰动期，感应式磁力仪观测到了电离层质子回旋、哨声波和嘶声波等丰富的磁场波动现象[3]，并监测到了全球主要长波台发射的 25kHz 以下的低频信号[4]。"张衡一号"卫星的高精度磁强计由矢量磁强计和标量磁强计组成，分别由中国科学院国家空间科学中心和奥地利科学院空间研究所研制。

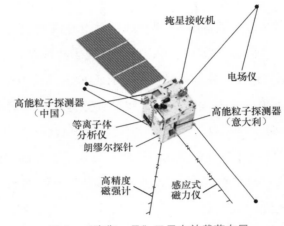

图 1　"张衡一号"卫星有效载荷布局

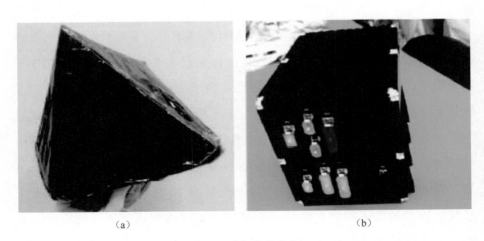

（a）　　　　　　　　　　　　（b）

图 2　感应式磁力仪

（a）传感器　（b）电子学箱

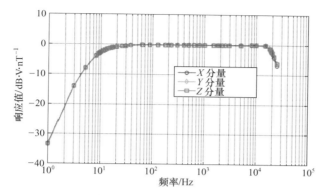

图 3　感应式磁力仪三分量的频率响应曲线

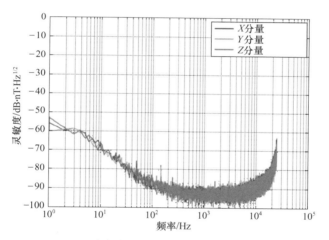

图 4　感应式磁力仪三分量的灵敏度曲线

图 5　感应式磁力仪研制团队合影

地球辐射带的发现

地球辐射带为被地磁场捕获的地球周围空间的高能带电粒子的聚集区，对人类载人航天和无人航天活动具有十分重要的影响。为了纪念首先发现辐射带的美国科学家范艾伦，又将地球辐射带称为范艾伦辐射带。在范艾伦以前，没人预测过地球辐射带的存在。地球辐射带的发现，标志着一门崭新学科——空间物理学诞生。然而，地球辐射带的发现充满戏剧性。

自1957年10月4日开始，在不到一个月的时间内，苏联相继发射了人类第一颗、第二颗人造卫星——"斯普特尼克1号""斯普特尼克2号"。"斯普特尼克1号"是一个直径为0.58m、质量为83.6kg的金属球状卫星，内含2个雷达发射器和4个天线，还有多个气压和气温调节器，其目标是通过向地球发出信号来提示太空中的气压和温度变化。"斯普特尼克2号"是人类第一颗搭载了活体动物的人造卫星，于1957年11月3日发射。它比"斯普特尼克1号"更复杂，卫星上安装有无线电发射器、遥测系统、盖革计数器和用于内舱的温度控制系统，内舱里携带了小狗莱卡。盖革计数器，即盖革-米勒计数器，是一种离子充气管，在管子的电极上面加上直流电压，若有放射线穿过管内气体，就会发生放电。它由莫斯科国立大学的韦尔诺夫的研究团队研制而成，用于测量卫星表面受到的辐射强度。韦尔诺夫利用它在地面实验室、探空火箭和探空气球上研究宇宙射线。他希望用盖革计数器测量来自银河系深处的那些来不及与地球大气发生相互作用的原初宇宙射线。

"斯普特尼克1号""斯普特尼克2号"是在第一个国际地球物理年期间发射的，这一举动震惊了美国。1958年1月31日，也就是"斯普特尼克2号"发射升空后不到3个月，美国首颗人造卫星"探险者1号"发射升空。同年10月1日，美国正式成立了NASA。与韦尔诺夫的团队一样，范艾伦团队具有利用盖革计数器在探空火箭和探空气球上研究宇宙射线的丰富经验，也在"探险者1号"卫星上安装了盖革计数器。

　　"斯普特尼克2号"的盖革计数器在轨工作了10天。韦尔诺夫与其同事在分析从"斯普特尼克2号"上获得的辐射数据时，观察到粒子计数出现意料之外的大幅度波动，甚至超过预期中的星系宇宙射线强度，但他习惯地认为这是源于那段时间发生了小型耀斑产生的太阳高能粒子的抵达现象。事实上，"斯普特尼克2号"观测到的辐射波动是辐射带存在的直接证据。

　　范艾伦团队通过"探险者1号"也观测到了盖革计数器的粒子计数出现大幅度波动（见图6），但他们敏锐地意识到这是太空中一种全新的自然现象。早些时候，范艾伦也误解了盖革计数器的探测数据。在"探险者1号"发射进入太空的前几分钟内，卫星上的盖革计数器出现粒子计数波动的现象是能够理解的。但是，随后的数据让人十分困惑：有些阶段的计数与宇宙射线的预期值相吻合，有些阶段的计数却远高于预期值，还有一些阶段，计数竟然跌到了0！卫星通信信号的频繁丢失和计算卫星轨道的困难使得当时人们对那些数据的理解进一步复杂化。范艾伦最初以为他们探测到的是低能粒子。

　　当范艾伦团队对粒子计数突然下降的这一现象感到迷惑不解时，当时还是研究生的麦基尔韦恩指出，也许太空中的粒子通量在某些地方如此之高，以致盖革计数器进入饱和状态，这样它就无法区分不连续的粒子脉冲，从而彻底停止计数。结果表明，麦基尔韦恩的这一想法非常关键，麦基尔韦恩在实验室里用强X射线辐射一台盖革计数器样机，确认了盖革计数器出现这种饱和状态的可能性。他和同事看见X射线暴露实验的结果后，同事在范艾伦的办公室门上留下了这句名言——"SPACE IS RADIOACTIVE"。然而，那时美国和苏联的研究人员宁愿相信盖革计数器工作正常，也不愿相信太空是放射性的。对于在"探险者1号"和"探险者3号"上获得的盖革计数器数据，唯一可能的解释就是，卫星在某些轨道上遭遇到极高的粒子通量——至少是预计的宇宙射线的粒子通量的1000倍。1958年5月，范艾伦在美国地球物理学会的一次会议上宣布了地球辐射带这一重要发现。

图6　范艾伦正在查看"探险者1号"上的盖革计数器所探测到的宇宙射线数据[5]

在美国宣布发现辐射带的同一个月里，苏联发射了"斯普特尼克3号"。为了更细致地研究被地磁场俘获的粒子的空间分布特性，该卫星搭载了复杂的粒子探测仪器，发现了与内侧辐射区相分离的外侧辐射区的存在。这个区域就是"槽区"——地磁场俘获粒子稀少的区域，它将两条迥然不同的辐射带分离：以高能质子为主的内辐射带，以高能电子为主的外辐射带。

许多年后，空间物理学家依然会提起一个经久不衰的笑话：为什么美国科学家发现了内辐射带，而苏联科学家发现了外辐射带？原因是完全可以理解的。这与当时的时代背景有关。

实际上，因为"斯普特尼克2号"是从俄罗斯境内的高纬度地区发射的，它的轨道很可能经过部分外辐射带，外辐射带距地心3～4个地球半径的距离；"探险者1号"的发射轨道更靠近赤道，会经过内辐射带的部分区域，内辐射带从地球大气层上方向外延伸大约2个地球半径的距离。

范艾伦辐射带从1958年被发现至今已过去60多年，科学家们仍然在孜孜不倦地探索它的神秘特征。

太阳风的探测

太阳是太阳系的中心天体，占太阳系总质量的99.96%。太阳系中的八大行星（水星、金星、地球、火星、木星、土星、天王星、海王星）及其卫星、小行星、流星、彗星、外海王星天体（柯伊伯带和奥尔特云），星际尘埃等，不断地围绕太阳旋转。同时，太阳围绕银河系中心旋转。地球是太阳系中一颗普通又特殊的行星，它一边围绕太阳公转，一边绕着地轴自转，是太阳系目前唯一已知具有生命存在的天体。

我们已经知道，太阳风是太阳活动的一种常见形式。通常认为，太阳风是从太阳上层大气向外喷出的超声速等离子体流。这种带电粒子流也被称为"恒星风"。

早在 1000 多年前，中国星相家就注意到彗星尾部（彗尾）基本背对太阳运行，早期人们认为这是由太阳辐射压力的作用导致的。然而，定量估算结果表明，太阳辐射压力不足以产生如此大的影响。20 世纪 50 年代初，比尔曼根据对彗尾运动的观测，提出"太阳风这一粒子流沿着太阳径向从各个方向流出，速度为 500 ～ 1500km/s"这一结论。即使今天来看，这一结论仍非常正确。以前这一粒子流不叫太阳风，叫作"Solar Corpuscles"（太阳微粒）。这些研究直接导致帕克太阳风流体模型（简称帕克模型）的诞生。1958 年，帕克提出了日冕的流体动力学平衡理论，并首次引用了"太阳风"这一名词。根据帕克的预言，日冕膨胀形成了太阳风，且太阳表面的亚声速流动逐步变为超声速流动，其物理过程犹如空气动力学中的拉瓦尔喷管。根据瑞典等离子体物理学家、天文学家阿尔文于 1942 年提出的等离子体与磁场"冻结"在一起的概念和行星际空间中存在磁场的假说，帕克推测行星际磁场呈现螺旋结构，并推导出了行星磁力线方程[6]。然而，在行星际等离子体得以通过卫星长期观测前，帕克和比尔曼关于太阳风的相关理论都没有被认可。其实，帕克的工作在 1957 年就已成形，那时帕克才 30 岁。帕克的论文被投到天体物理领域国际顶级期刊 *The Astrophysical Journal*，被送至两位审稿人评审，收到很负面的评审意见。帕克对当时的期刊主编（也是帕克的同事）说，论文并没有数学上的错误，并自认为是"相当不错的"，帕克的论文后来发表在 1958 年的期刊上，但在当时引起了相当大的争议。

1962 年，世界上第一颗成功发射的行星探测器"水手 2 号"（见图 7），在飞往金星的途中探测到了快速持续的等离子体流，首次对太阳风的密度、速度、成分和成分随时间的变化进行了直接测量[7]，确认了太阳风的存在，并且观测到的行星际等离子体的参数与帕克模型的预言基本相符，帕克因此名声大振。

后续更多的航天器对太阳风等离子体及磁场的参数进行了详细的测量，关于太阳风和行星际磁场的理论越来越完善。帕克关于太阳风的理论预言被卫星探测结果基本证实，是空间物理学研究的又一重大进展。需要补充的是，帕克理论预言太阳风速度在无穷远处是无穷大，这显然是不合理的，但是他预言的 1AU（天文单位）处的太阳风参数与"水手 2 号"的观测数据基本吻合。

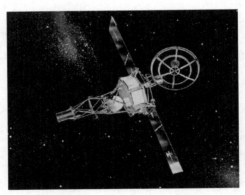

图 7　"水手 2 号"金星探测器[8]

太阳风几乎影响着太阳系中一切天体的空间环境[9]。从稀薄气体动力学的观点看，太阳风与行星际天体之间的相互作用从根本上是超声速绕流问题。太阳系中的有些天体，如地球、水星、土星等，它们有较强磁场，在太阳风的作用下形成行星磁层，太阳风绕行星的这种流动相当于高速太阳风对偶极磁场的绕流。具有弱磁场的行星（如金星、火星等）因有大气层和电离层，在太阳风作用下也会形成"磁层"的位形。对于后一类行星，由于没有较强磁场的阻滞，太阳风直接压缩行星电离层或行星大气层，太阳风边界同行星电离层或行星大气层相接。在这两类绕流问题中，在行星头部都有一个弓形激波，将太阳风等离子体同行星等离子体分开。太阳风绕流月球是另一类相互作用，由于月球既没有磁场，也没有电离层和大气层，太阳风粒子直接撞击到月球表面，并被吸收（在有剩磁的异常区域，还会发生反射现象）。太阳风流过月球，在尾流中形成一个无等离子体的空腔。

常用于探测太阳风的有效载荷是法拉第杯（或称离子捕获器）和静电分析器。前者通过变化的栅极电压可获得变化的粒子收集电流曲线，经过数据处理分析可获得粒子的密度、成分和速度分布；后者通过电场对带电粒子的能量（速度）进行选择，通过变化电压的极性可测量具有较高能量的电子的能谱、通量及运动方向。中国科学院国家空间科学中心是我国最主要的法拉第杯和静电分析器有效载荷的研制单位，其产品已经用于我国"实践四号"卫星、地球空间双星探测计划、探月工程、天问一号和探空火箭等航天器。"嫦娥一号"卫星搭载太阳风离子探测器（见图 8），实现了我国对行星际太阳风的首次探测。该探测器采用半球形静电分析器和微通道板相结合的方案，通过扫描静电场选择不同能量的离子。

图 8　"嫦娥一号"卫星搭载的太阳风离子探测器 [10]

2017 年 5 月 31 日，NASA 宣布把太阳探测器 Solar Probe Plus 重新命名为 Parker Solar Probe，以纪念对太阳风研究做出贡献的芝加哥大学教授帕克。这是至今为止 NASA 唯一一次以在世的科学家命名航天器。Parker Solar Probe 作为天文和空间领域的新里程碑，延续了哈勃空间望远镜、钱德拉 X 射线天文台、费米 γ 射线空间望远镜等的探索使命。

帕克在太阳风、行星际磁场、宇宙射线和磁流体力学等诸多领域开展了开创性工作，至今引领众多研究者在他所开辟的道路上继续前进和探索。2020 年，帕克因发现太阳风而获得瑞典皇家科学院克拉福德奖（几乎与诺贝尔奖齐名的世界性科学大奖）。

结语

自人类进入太空时代 60 多年以来，对地球、太阳系及宇宙的研究已经取得了巨大的进展，一些谜底逐渐被揭开。然而，至今人类对宇宙仍然知之甚少。我们仍然不能回答以下基本的科学问题。

宇宙的形状是怎样的？大爆炸从何处开始？宇宙由什么构成？地球是宇宙中唯一存在生命体的星球吗？宇宙射线的起源是什么？宇宙何时消亡？宇宙会继续膨胀吗？水是否是宇宙中所有生命生存所必需的，还是仅仅对地球生命而言是必需的？是什么阻止了人类进行深空探测？人类有可能在另一个星球上长期居住吗？

宇宙探测技术的不断发展，将引领人类从未知走向更美好的未来。我国实现了"嫦娥"揽月、"祝融"探火、"羲和"逐日、"北斗"指路、"天和"遨游星辰……从远古神话，到新中国成立后的航空航天事业飞速发展，中国人一步一个脚印地触摸更高、更远的太空，访问小行星、深入木星星系、就近感知太阳、触摸太阳系的边界……我们将尽情探索神秘太空的奥妙，将远古神话变成现实。

参考文献

[1] DONNAN C, MCLEOD D, DUNLOP J, et al. The evolution of the galaxy UV luminosity function at redshifts $z \approx 8\text{-}15$ from deep JWST and ground-based near-infrared imaging[J]. Monthly Notices of the

Royal Astronomical Society, 2022, 518(4): 6011-6040.

[2] CAO J, ZENG L, ZHAN F, et al. The electromagnetic wave experiment for CSES mission: search coil magnetometer[J]. Science China Technological Sciences, 2018, 61: 653–658.

[3] ZHIMA Z, HUANG J, SHEN X, et al. Simultaneous observations of ELF/VLF rising-tone quasiperiodic waves and energetic electron precipitations in the high-latitude upper ionosphere[J]. Journal of Geophysical Research: Space Physics, 2020, 125(5): e2019JA027574.

[4] ZHAO S, ZHOU C, SHEN X, et al. Investigation of VLF transmitter signals in the ionosphere by ZH-1 observations and full-wave simulation[J]. Journal of Geophysical Research: Space Physics, 2019, 124(6): 4697-4709.

[5] BAKER D, PANASYUK M. Discovering earth's radiation belts[J]. Physics Today, 2017, 70(12): 46-51.

[6] PARKS G. Physics of space plasmas: an introduction[M]. 2nd ed. Colorado: Westview Press, 2004.

[7] HUNDHAUSEN A. Direct observations of solar-wind particles[J]. Space Science Reviews, 1968, 8(5): 690-749.

[8] BILLINGS L. 50 years of solar system exploration: historical perspectives[EB/OL]. (2023-03-01)[2024-05-03].

[9] VIALL1 N, BOROVSKY J. Nine outstanding questions of solar wind physics[J]. Journal of Geophysical Research: Space Physics, 2020, 125(7): e2018JA026005.

[10] 王馨悦, 张爱兵, 荆涛, 等. 近月空间带电粒子环境——"嫦娥1号""嫦娥2号"观测结果[J]. 深空探测学报, 2019, 6(2): 119-126.

曾立，北京航空航天大学空间与环境学院副教授、博士生导师，空间与环境学院空间科学工程技术研究中心主任，空间科学系副主任。主要研究领域为空间环境探测技术、量子探测技术、定标技术和有效载荷工程。曾在中国科学院国家空间科学中心工作，作为技术骨干参与了"嫦娥一号""萤火一号"等探测器的有效载荷研制工作。2009年10月入职北京航空航天大学，作为技术负责人带领团队突破了感应式磁力仪极弱交流磁场探测的一系列关键技术和工艺，研制了国际先进的高可靠性感应式磁力仪（成功应用于"张衡一号"卫星）。